KB187485

초보자를 위한

손바닥

원예
식물도감

제갈영 지음

초보자를 위한
손바닥 원예 식물도감

개정증보판 1쇄 발행 2024년 6월 20일

지은이 제갈영 | 펴낸이 강기원
디자인 이승재 | 마케팅 박선왜

주 소 서울 동대문구 고산자로 34길 70, 431호
전 화 (02)2254-0658 팩 스 (02)2254-0634
이메일 bookbee@naver.com
등록번호 제6-0596호 (2002.4.9)

ISBN 978-89-6245-225-9 (06480)

　　원예식물은 사람들이 식물체를 보고 즐기는 관상(꽃, 잎, 열매 등) 가치와 함께 삶의 위안을 주는 화훼식물, 과실수, 채소 등을 총칭한다. 지난 코로나 팬데믹 시기에 사회적 거리 두기 등으로 재택근무와 집에 머무는 시간이 늘면서 식물이 주는 심리적 안정감을 찾는 사람들이 많아졌다. 이는 코로나 우울감을 해소하는 데는 싱그러운 초록빛만 한 것이 없었기 때문이기도 하다.

　　식물이 보여주는 화려한 꽃과 푸른 잎은 큰돈을 들이지 않고도 마음의 안식과 공간의 품격을 높여준다. 이는 사무실이나 아파트 실내, 주택의 화단 등에서도 자유롭게 만끽할 수 있다. 이 책은 오래전부터 사람들에게 인기를 끌었던 품종들과 요즘 유행하는 신품종까지 누구나 쉽게 알아볼 수 있도록 꽃과 잎, 열매 등을 클로즈업하여 구성하였다. 또한 꽃을 즐기는 관화식물, 난류, 아름다운 잎을 감상할 수 있는 관엽식물, 실내 공기정화에 이로운 효과를 주는 열대식물과 허브, 밤에 산소를 발생시키는 다육식물 등 430여 종을 분류하여 소개한다.

　　그 외 각 식물의 고유한 특징과 번식 방법, 월동 및 재배 온도, 적당한 토양, 수분관리까지 꼼꼼하게 정리하였다. 아무쪼록 화려한 관엽식물이든 미세먼지와 각종 유해 물질을 없애주는 공기정화식물이든, 물조차 거의 주지 않아도 잘 자라 제 기능을 다하는 다육식물 등 그 어떤 식물이라도 작은 화분 하나부터 시작하여 식물이 주는 기쁨을 누려보시길…

2024년 4월 제갈영 드림

차 례

일러두기

1. 이 책에는 원예식물 중 사람들이 보고 즐길 수 있는 관화식물과 관엽식물, 공기정화에 탁월한 열대식물, 유익한 향을 지닌 허브 등 벌레잡이식물까지 포함하여 약 430여 종을 소개한다.

2. 식물 분류는 원예식물 중 화훼식물이 갖는 특징별로 관화식물, 관엽식물, 열대식물, 허브, 다육식물 & 벌레잡이식물로 구성하였으며, 각 식물은 다시 가급적 과별로 모아 정리하였다.

3. 원예식물의 각 품종은 오래전부터 국내에 도입되어 알려진 스테디셀러부터 새롭게 인기를 얻는 트렌드 품종들을 추가하였다.

4. 각 식물은 과명과 학명, 생육기간은 물론, 식물의 크기와 잎 모양, 꽃피는 시기, 번식 방법과 재배 온도를 표시하였고, 토양과 수분의 관수, 키우기에 적당한 용도를 구분하여 표시하였다.

5. 책에서 소개하는 식물들의 약 95%는 국내에서 종자 또는 모종으로 상시 유통되는 것들이지만, 일부 식물(대왕야자나 바오밥나무같은 큰 열대식물 등)은 상시 유통되지 않음을 참고하기 바란다.

6. 본문에 표기한 기본 식물명은 정명과 이명 또는 유통과정에서 흔히 부르는 유통명도 섞여 있음을 밝혀둔다.

7. 부록에는 본문에 사용한 식물 용어 중 해설이 필요한 것만 수록하였고, 특별히 주요 식물의 꽃말을 추가하였다.

책의 구성

430여 종의 원예식물을 관화식물, 관엽식물 열대식물, 허브 다육&벌레잡이식물
로 분류하고 꽃, 잎, 품종 사진 순서로 배열하였다.

과명, 학명, 생육기간

식물명

▶보로니아

운향과 상록 관목 | *Boronia heterophylla*

보로니아

꽃

잎

식물 대표사진 외
꽃, 잎, 또는 전초

호주 서부지역 원산으로 잎에서 솔 향기가 난다. 잎은 깃꼴의 가느다란 바늘 모
양이다. 종 모양의 꽃은 분홍색이고 향기가 있다. 번식은 꽃이 진 바로 뒤에 가지
를 손가락 4마디 길이로 잘라 흙에 심는데 보통 1개월 뒤 뿌리를 내린다.

어떻게 키울까요?

높이, 꽃피는 시기,
햇빛, 온도,
번식 방법, 물주기

· 높이 150cm   · 꽃 3~5월   · 잎 바늘 모양
· 햇빛 양지~밝은 그늘   · 온도 5도 이상   · 토양 유기질 토양
· 번식 꺾꽂이   · 수분 저면관수, 충분히   · 용도 화분, 울타리, 절화

38

이명, 유통명, 원산지명 등

크로웨아 <small>사상크로스·별꽃</small>

운향과 상록 관목 | *Crowea exalata*

꽃

크로웨아

흰색 꽃

식물 대표사진 외
품종 또는 유사종

식물 해설

호주 동남부 원산이다. 속명 *Crowea*는 18~19세기 외과의사이자 식물학자인 제임스 크로우의 이름에서 따왔다. 꽃의 지름은 2.5cm 정도이고 원산지에서는 늦여름부터 겨울에 개화한다. 다양한 원예종이 있다.

어떻게 키울까요?

잎 모양
토양, 용도

· 높이 70~100cm
· 햇빛 양지·반그늘
· 번식 꺾꽂이

· 꽃 3~10월
· 온도 -5도 이상
· 수분 보통

· 잎 도피침형
· 토양 일반 토양
· 용도 화단, 암석정원, 지피식물

가나다순으로 **식물이름** 찾기

본문에 수록한 원예식물의 메인 꽃 또는 잎을 가나다순으로 정렬하여 쉽게 찾아 볼 수 있다.

가우라·157

가자니아·56

가재게발선인장·411

강냉이나무·353

개나리자스민·121

개양귀비·192

거베라·50

공작야자·335

과꽃·67

관엽베고니아·166

관음죽·330

구슬고추·103

구슬얽이·417

구아바·317

구즈마니아·269

군자란·224

그레빌레아·356

그린볼야자·287

극락조화·297

글라디올러스·133

글록시니아·177

금계국·76

금관화·185

금어초·47

금잔화·69

금전수·277

기가스문주란·225

기생초·77

깔때기수선화·139

꽃고추·103

꽃기린·403

꽃양배추·158

끈끈이주걱·423

나비목·352

네마탄·178

네메시아·41

네모필라·190

네오네겔리아·270

네테라·238

노랑고구마·246

노티아·172

니코티아나·107

니포피아·130

다알리아·66

다이시아·44

다이아몬드꽃·173

다이아즈캐모마일·384

9

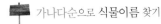

라벤더·364　라이스플라워·193　란타나·194　람프란더스·401　러브체인·299

레드시크릿·203　레위시아·188　레이디스맨틀·393　로만캐모마일·386　로벨리아·95

로즈마리·372　로즈제라늄·149　루드베키아·75　루엘리아·234　루피너스·36

리빙스턴데이지·88　리시마키아·180　리시안셔스·184　리아트리스·49

마가렛·60　마란타·261　마스데발리아·219　만데빌라·122　만수국·71

바나나·322

바오밥나무·350

바질·377

박쥐란·277

반다·220

백묘국·85

백설·45

백일홍·84

백합·127

버베나·380

버베인·382

벌와잎자주꽃·421

벌레잡이통꽃·425

베고니아·164

베네치아·176

베들레헴별꽃·124

베로니카·46

베르가못·376

베르게니아·116

벤자민고무나무·328

벵갈고무나무·326

별고추·103

병솔나무·362

보로니아·38

보리지·389

가나다순으로 **식물이름 찾기**

샐비어·118 샤스타데이지·83 석죽·155 석화·402 설란·226

설악초·174 셈퍼비범·420 소철·346 송엽국·400 수련목·207

수선화·138 수염틸란드시아·303 슈퍼바·408 스노플레이크·144 스케볼라·93

스테비아·383 스투키·396 스트렙토칼푸스·175 스파티필름·275 스파티필름 도미노·276

스피아민트·374 시계꽃·304 시네라리아·52 시클라멘·97 실유카·409

심비디움·218

싱고니움·280

아가판서스·128

아게라툼·80

아글라오네마·255

아글라오네마·256
오로라

아네모네·30

아디안텀·244

아라리아·358

아라우카리아·351

아레카야자·332

아르메리아·99

아마릴리스·140

아보카도·316

아부틸론·204

아스터·68

아스플레니움·245

아이리스·132

아이비·305

아펠란드라·236

아프리카나팔꽃·302

안개꽃·153

안스리움·248

알라만다·123

알로에베라·406 알로카시아·281 알로카시아·282 아마조니카 알리고무나무·329 알리섬·379

알스트로에메리아·142 알펜블루·110 애기금어초·47 애기범부채·135 애기코스모스·51

애니시다·37 애플민트·373 애플제라늄·150 에리카·196 에크메아파시아타·271

에키나시아·74 에피프레넘·278 엑사쿰·183 엔젤스킨·279 온시디움·217

올리브나무·214 왁스플라워·205 왜성바나나·321 용왕꽃·230 우단동자·154

운간초·115

워싱톤야자·337

워터코인·239

월계수·315

윈터화이어·197

유리옵스·390

유카·409

유칼립투스·318

율마·291

은엽아지랭이·58

이베리스·159

이소토마·96

이오난사·301

익소라·181

인도고무나무·327

인디고·354

일일초·119

임파첸스·98

잇꽃·78

자금성·405

자란·222

저먼캐모마일·385

접란·223

제라늄·147

종이꽃·55　주머니꽃·43　쥐꼬리선인장·412　차이니즈자스민·199

차이브·378　채송화·398　천사의나팔꽃·211　천수국·70　천인국·73

천일홍·89　철석장·410　청화국·72　체리세이지·368　초연초·94

촛불맨드라미·90　충운·414　칠변초·404　카네이션·156

카멜레온·399　카틀레아·221　칸나·168　칼라·145　칼라데아·263
마코야나

필로덴드론·253
에루베스센스

필로덴드론·251
옥시카르디움

필로덴드론·252
카니폴리움

필로덴드론·254
콩고

필로덴드론·250
플로리다뷰티

하와이무궁화·201

하이포스테스·233

학자스민·198

한기죽·290

한련·146

함소화·357

해피트리·292

행운목·340

헤베·171

헤우케라·117

헬리코니아·346

호야·298

호접란·216

호주매화·206

홍두화·355

홍옥·418

홍콩야자·293

후쿠시아·359

훼이조아·361

가나다순으로 **식물이름 찾기**

관화식물 &난

Flower Plant
&Orchid

사랑초 ^{옥살리스}

괭이밥과 여러해살이풀 | *Oxalis spp*

사랑초

꽃

잎

한해살이 또는 여러해살이풀이다. 세계적으로 900여 품종이 있고 이 중 100여 종이 유통되고 있다. 꽃잎은 5개로 갈라지고 잎은 3출엽으로 달린다. 신맛 나는 잎은 샐러드로 이용하거나 차로 음용한다. 신맛 자체가 독성이므로 소량 섭취한다.

 어떻게 키울까요?

· 높이 10~15cm
· 햇빛 반그늘
· 번식 포기나누기

· 꽃 5~9월
· 온도 섭씨 8~10도 이상
· 수분 조금 건조하게

· 잎 3출엽
· 토양 일반 토양
· 용도 화단, 지피식물, 식용(잎, 꽃)

1. 자주잎사랑초(자주잎옥살리스)
2. 참사랑초

프리뮬러

앵초과 여러해살이풀 | *Primula spp*

프리뮬러

분홍색 꽃

노란색 꽃

프리뮬러는 오브코니카, 줄리안 등 전 세계적으로 400~500여 품종이 있다. 꽃 색상은 노랑, 빨강, 핑크, 흰색, 보라색 등이 있다. 대부분 고산성이기 때문에 더 위에 약하다. 양지를 좋아하는 품종과 그늘에서 잘 자라는 품종이 있다.

 어떻게 키울까요?

- · 높이 10~20cm
- · 햇빛 양지~그늘
- · 번식 포기나누기

- · 꽃 2~4월
- · 온도 섭씨 2도 이상
- · 수분 약간 촉촉하게

- · 잎 배춧잎 모양
- · 토양 부식질 토양
- · 용도 화단, 암석정원, 지피식물

프리뮬러의 다양한 품종들

아네모네 ^{바람꽃}

미나리아재비과 여러해살이풀 | *Anemone coronaria*

아네모네

꽃

파밀라 품종

지구의 온대와 북반구 지역에서 자라며 세계적으로 120여 품종이 있다. 꽃잎은 거의 퇴화하여 없다. 꽃받침은 4~27개이고 꽃잎처럼 보인다. 수술은 10~200개 정도이다. 파밀라 품종은 경기이남지방에서 월동하기도 한다.

 어떻게 키울까요?

- · 높이 20cm
- · 햇빛 양지
- · 번식 분구, 종자

- · 꽃 3~5월
- · 온도 5도 이상
- · 수분 약간 적게

- · 잎 깃꼴겹잎
- · 토양 중성 토양
- · 용도 화단

라넌큘러스

미나리아재비과 여러해살이풀 | *Ranunculus* L

흰색과 노란색 품종

라넌큘러스

군락지

속명 *Ranunculus*는 '개구리'를 뜻한다. 원산지인 지중해, 서아시아 등에서는 주로 물가에서 자란다. 흰색, 분홍, 주황, 빨간색 등 600여 품종이 있다. 독성이 있어 피부질환을 일으키기도 하므로 장갑을 끼고 접촉한다. 가축에게 함부로 섭취하지 않도록 주의한다.

 어떻게 키울까요?

· **높이** 20~40cm   · **꽃** 4~5월   · **잎** 3개로 갈라짐
· **햇빛** 양지   · **온도** 5도 이상   · **토양** 중성 토양
· **번식** 분구   · **수분** 보통   · **용도** 화단, 정원

델피니움

미나리아재비과 여러해살이풀 | *Delphinium Larkspur*

델피니움

꽃

잎

우리나라 큰제비고깔과 비슷한 식물로서 유사종이 북반구 온대지방과 아프리카에서 자생한다. 대부분 유독성이 강하므로 함부로 식용할 수 없다. 하이브리드 품종이 많고 품종에 따라 꽃 색상이 보라, 파랑, 분홍, 흰색 등이 있다.

 어떻게 키울까요?

· 높이 100cm
· 햇빛 양지~밝은 그늘
· 번식 꺾꽂이, 종자

· 꽃 7~9월
· 온도 10도 이상
· 수분 보통

· 잎 손바닥 모양
· 토양 비옥한 중성 토양
· 용도 화단, 화분, 절화

크리스마스로즈 _{헬레보루스}
미나리아재비과 여러해살이풀 | *Helleborus niger*

꽃

크리스마스로즈

잎

헬레보루스라고도 부른다. 스위스, 오스트리아, 독일, 이탈리아 북부, 크로아티아의 높은 산에서 자생한다. 늘푸른 여러해살이풀로 전초에 독성이 있으나 약용하기도 한다. 색상은 분홍색, 붉은색, 흰색이 있다. 꽃은 3개월 정도 핀다.

 어떻게 키울까요?

· 높이 20~40cm
· 햇빛 양지~반그늘
· 번식 종자, 포기나누기

· 꽃 12~2월
· 온도 월동 가능
· 수분 보통

· 잎 장상복엽
· 토양 부식질 토양
· 용도 화단, 울타리, 절화, 약용

붉은해란초 로터스레드피쉬

콩과 여러해살이풀 | *Lotus maculatus*

붉은해란초

꽃

잎

콩과 벌노랑이속 식물이다. 속명은 *Lotus maculatus* '*Amazon Sunset*'이다. 난초처럼 예쁜 꽃은 마치 새의 부리를 닮았다 하여 '앵무새의 부리'라고도 부른다. 꽃 색상은 산호빛, 오렌지, 붉은색 등으로 다양하다. 씨앗에는 독성이 있을 수 있으므로 식용하지 않는다.

 어떻게 키울까요?

- · 높이 60~90cm
- · 햇빛 양지~반양지
- · 번식 꺾꽂이

- · 꽃 4~7월
- · 온도 -4도 이상
- · 수분 보통

- · 잎 침 모양
- · 토양 일반 토양
- · 용도 걸이분, 계단, 지피식물

미모사 ^{함수초 · 신경초}

미나리아재비과 여러해살이풀 | Mimosa Pudica

미모사

가지런한 잎

오므라든 잎

중남미 원산으로 잎을 건들면 오므라드는 속성이 있어 '신경초'라고도 부른다. 이는 외부 침입에 방어하기 위해 스스로 오므라드는 것으로 알려져 있다. 2~3월에 온실에서 씨앗을 뿌려 번식한다. 섭씨 21℃의 온도에서는 약 2주 뒤 발아한다.

 어떻게 키울까요?

· 높이 30~150cm
· 햇빛 양지~반양지
· 번식 종자

· 꽃 6~9월
· 온도 15도 이상
· 수분 보통

· 잎 깃꼴겹입
· 토양 비옥질 토양
· 용도 화단, 어린이정원, 지피식물

루피너스

콩과 한해/여러해살이풀 | *Lupinus polyphyllus*

루피너스

분홍색 꽃

잎

북남미, 지중해, 아프리카 원산이다. 1820년경 북미 원산의 루피너스가 영국에 전
해졌다. 원종은 파란색 또는 보라색 꽃이 피지만 이 색상을 싫어했던 조지 러셀
이라는 사람이 파란색 꽃을 억제하는 연구의 결과 다양한 품종을 탄생시켰다.

 어떻게 키울까요?

· **높이** 100~150cm
· **햇빛** 양지~반양지
· **번식** 종자, 포기나누기

· **꽃** 7~8월
· **온도** 월동 가능
· **수분** 보통

· **잎** 손가락 모양
· **토양** 일반 토양
· **용도** 화단, 울타리, 지피식물

애니시다 <small>양골담초 · 금작화</small>

콩과 관목성 여러해살이풀 | *Cytisus scoparius*

애니시다

꽃

잎

유럽, 인도 원산이다. 북미에서는 산림생태를 교란시키는 교란종으로 분류하고 주로 저지대 모래밭에 분포한다. 꽃은 노란색부터 붉은색까지 다양하다. 잎은 작은 잎이 3개씩 달린 3출엽이다. 씨앗으로 잘 번식한다.

 어떻게 키울까요?

· 높이 1~3m	· 꽃 3~5월	· 잎 3출엽
· 햇빛 양지~반그늘	· 온도 5도 이상	· 토양 일반 토양
· 번식 종자	· 수분 보통	· 용도 화분, 베란다

보로니아

운향과 상록 관목 | *Boronia heterophylla*

보로니아

꽃

잎

호주 서부지역 원산으로 잎에서 솔 향기가 난다. 잎은 깃꼴의 가느다란 바늘 모양이다. 종 모양의 꽃은 분홍색이고 향기가 있다. 번식은 꽃이 진 바로 뒤에 가지를 손가락 4마디 길이로 잘라 흙에 심는데 보통 1개월 뒤 뿌리를 내린다.

어떻게 키울까요?

· **높이** 150cm
· **햇빛** 양지~밝은 그늘
· **번식** 꺾꽂이

· **꽃** 3~5월
· **온도** 5도 이상
· **수분** 저면관수, 충분히

· **잎** 바늘 모양
· **토양** 유기질 토양
· **용도** 화단, 울타리, 절화

크로웨아 _{사상크로스 · 별꽃}

운향과 상록 관목 | *Crowea exalata*

꽃

크로웨아

흰색 꽃

호주 동남부 원산이다. 속명 *Crowea*는 18~19세기 외과의사이자 식물학자인 제임스 크로우의 이름에서 따왔다. 꽃의 지름은 2.5cm 정도이고 원산지에서는 늦여름부터 겨울에 개화한다. 다양한 원예종이 있다.

어떻게 키울까요?

· 높이 70~100cm
· 햇빛 양지~반그늘
· 번식 꺾꽂이

· 꽃 3~10월
· 온도 -5도 이상
· 수분 보통

· 잎 도피침형
· 토양 일반 토양
· 용도 화단, 암석정원, 지피식물

피나타

운향과 상록 관목 | *Boronia pinnata*

피나타

분홍색 꽃

잎

호주 동남부 원산의 높이 1.5m로 자라는 키 작은 나무이다. 속명 *Boronia*는 이탈리아 식물학자 Fransesco Borone의 이름에서 따왔고 종명 *pinnata*는 라틴어로 '날개'를 뜻한다. 꽃의 색상은 자주색과 흰색이 있고 연한 향기가 난다.

 어떻게 키울까요?

· 높이 150cm
· 햇빛 반그늘
· 번식 종자

· 꽃 9~12월
· 온도 실내 월동
· 수분 보통

· 잎 깃꼴
· 토양 사질 토양
· 용도 화단, 울타리

네메시아

현삼과 한해살이풀 | *Nemesia strumosa*

네메시아

옅은 자주색 꽃

잎

남아프리카 원산이다. 파종 시기에 따라 꽃 보는 시기가 다르다. 이른 봄에 프레임에 파종하면 3~5월에, 여름에 파종하면 초가을에 꽃을 볼 수 있다. 꽃 색상은 흰색, 노랑, 오렌지, 빨강, 핑크, 파랑, 담자색(옅은 자주) 등이 있다.

어떻게 키울까요?

- **높이** 15~30cm
- **햇빛** 양지~반그늘
- **번식** 종자
- **꽃** 3~9월
- **온도** 실내 월동
- **수분** 약간 촉촉하게
- **잎** 마주나기, 긴 타원상 선형
- **토양** 비옥한 토양
- **용도** 화단, 지피식물

토레니아

현삼과 한해살이풀 | *Torenia fournieri*

붉은색 꽃

토레니아

잎

인도차이나 원산이다. 종자는 가을이나 봄에 파종한다. 꽃의 길이는 3cm 정도이고 입술 모양이다. 꽃의 색상은 붉은색, 파란색, 보라색, 흰색이 있다. 꽃을 식용할수 있으므로 비빔밥, 샐러드나 샌드위치 등에 활용할 수 있다.

 어떻게 키울까요?

· 높이 20~30cm
· 햇빛 양지~반그늘
· 번식 종자, 포기나누기

· 꽃 8~10월
· 온도 8~12도 이상
· 수분 보통

· 잎 달걀 모양
· 토양 비옥한 토양
· 용도 걸이분, 암석정원, 식용(꽃)

주머니꽃 칼세올라리아

현삼과 여러해살이풀 | *Calceolaria herbeohybrida*

주머니꽃

꽃

잎

칠레, 아르헨티나 원산의 칼세올라리아의 하이브리드 품종이다. 'Gold Fever', 'Jewel Cluster', 'Sunset mixed' 품종 등이 있으며 품종에 따라 노랑, 흰색, 빨강, 오렌지, 보라색 꽃이 핀다. 품종에 따라 종자, 꺾꽂이, 포기나누기 번식이 가능하다.

어떻게 키울까요?

· 높이 30~45cm
· 햇빛 반양지~밝은 그늘
· 번식 종자, 분주, 꺾꽂이

· 꽃 봄~여름
· 온도 실내 월동
· 수분 다소 촉촉하게

· 잎 타원형
· 토양 산성 토양
· 용도 화단, 암석정원

다이시아 애끼시아 · 다이아스시아

현삼과 여러해살이풀 | *Diascia barberae*

다이시아

꽃

잎

남아프리카 원산이다. 꽃은 늦봄부터 서리가 내리기 전까지 볼 수 있다. 한여름에는 일시적으로 꽃 개화를 중단한다. 잎에 광택이 있고 가장자리에 톱니가 있다. 원산지에서는 여러해살이풀이지만 국내에서는 한해살이풀로 분류한다.

 어떻게 키울까요?

· 높이 10~25cm
· 햇빛 양지~반그늘
· 번식 종자, 꺾꽂이

· 꽃 5~10월
· 온도 실내 월동
· 수분 보통

· 잎 타원형
· 토양 유기질 토양
· 용도 화단, 암석정원, 걸이분

백설 ^{바코바}

콩과 관목성 여러해살이풀 | *Cytisus scoparius*

백설

꽃

잎

남아프리카 원산으로 국내에서는 '바코바'라는 이름으로 알려져 있다. 반덩굴 성질이 있어 흔히 걸이분으로 키운다. 꽃의 지름은 1.5cm 정도이고 가장자리가 5개로 갈라진다. 꽃을 많이 보려면 흙이 완전히 말랐을 때 수분을 공급한다.

 어떻게 키울까요?

· **높이** 15~20cm
· **햇빛** 양지~반그늘
· **번식** 종자, 꺾꽂이

· **꽃** 4~11월
· **온도** 월동 가능(남부)
· **수분** 보통

· **잎** 타원형, 결각
· **토양** 일반 토양
· **용도** 걸이분, 지피식물

45

베로니카 _{원예종 꼬리풀}

현삼과 한해/여러해살이풀 | *Veronica spicata*

베로니카

꽃

잎

영국, 뉴질랜드, 호주를 비롯한 전세계에 유사종이 있다. 원예종은 대부분 서양에서 들어온 왜성 품종으로 추정된다. 꽃의 색상은 하늘색, 파란색, 분홍색, 보라색, 흰색 등이 있고 왜성종은 높이 30~80cm 내외로 자란다.

어떻게 키울까요?

· 높이 30~180cm
· 햇빛 양지~반그늘
· 번식 종자, 포기나누기

· 꽃 6~8월
· 온도 실내 월동
· 수분 보통

· 잎 피침형
· 토양 비옥한 토양
· 용도 화단, 암석정원, 지피식물

금어초·애기금어초

현삼과 여러해살이풀 | *Antirrhinum majus*

금어초

애기금어초(리나니아)

잎

지중해 연안 모로코, 포르투갈, 튀르키예, 프랑스 남부가 원산지이다. '금붕어꽃'
이라고도 한다. 입술 모양의 꽃은 길이 4cm 정도이고 빨간색, 핑크, 흰색, 보라색
등이 있다. 사질 토양에서 자라는 애기금어초는 금어초 꽃 모양과 닮아 붙여진
이름이며 과는 같지만 속(屬)이 다른 식물이다. 자주색 외에 다양한 색상이 있다.

어떻게 키울까요?

- 높이 20~100cm
- 햇빛 양지
- 번식 종자
- 꽃 5~9월
- 온도 -8도 이상
- 수분 보통
- 잎 피침형
- 토양 유기질 토양
- 용도 화단, 지피식물

디기탈리스

현삼과 여러해살이풀 | *Digitalis L.*

디기탈리스

흰색 품종

분홍색 품종

헝가리, 루마니아 등 동유럽에서 자생한다. 높이 1~2m 정도로 자라고 수상꽃차례로 종 모양의 꽃이 원뿔 모양으로 달린다. 속명 *Digitalis*는 꽃 모양이 장갑의 손가락처럼 보인다고 하여 붙였다. 잎은 강심제로 효능이 있다.

 어떻게 키울까요?

- 높이 50~200cm
- 햇빛 양지~반그늘
- 번식 종자, 포기나누기
- 꽃 7~9월
- 온도 월동 가능
- 수분 다소 건조하게
- 잎 긴 타원형
- 토양 산성의 사질 토양
- 용도 화단, 베란다, 약용(잎)

리아트리스

국화과 여러해살이풀 | *Liatris spicata*

리아트리스

꽃

줄기

북아메리카 동부지역 원산이다. 원산지에서는 초원지대에서 자생한다. 꽃의 색상은 보라색, 흰색, 분홍색 등이 있다. 꽃병에 꽂는 절화용 꽃으로 인기가 높다. 뿌리는 알뿌리 형태이며 봄에 분주로 번식할 수 있다.

어떻게 키울까요?

· **높이** 70~150cm
· **햇빛** 양지~반그늘
· **번식** 종자, 분주

· **꽃** 7~9월
· **온도** 월동 가능
· **수분** 보통

· **잎** 긴 피침형
· **토양** 사질 양토
· **용도** 화단, 절화, 약용(잎,뿌리)

거베라

국화과 여러해살이풀 | *Gerbera L.*

거베라

꽃

잎

남미, 아프리카, 열대 아시아가 원산지이며 세계적으로 30여 품종이 있다. 꽃 지름은 7~15cm 정도이고 노란색, 주황색, 흰색, 분홍색, 붉은색 꽃이 있다. 꽃병에 키우려면 꽃자루를 비스듬히 자른 뒤 수돗물이 아닌 정수한 물로 키운다.

어떻게 키울까요?

- · 높이 40~70cm
- · 햇빛 양지~반양지
- · 번식 종자, 포기나누기

- · 꽃 3~5월
- · 온도 5~10도 이상
- · 수분 보통

- · 잎 뿌리잎, 물결 모양의 톱니
- · 토양 부식질 사질 양토
- · 용도 화단, 절화용

애기코스모스

애기코스모스 <small>썬빔·문빔</small>

국화과 한해살이풀 | *Coreopsis verticillata*

문빔

썬빔

미니코스모스

'콜레옵시스'라고도 불린다. 금계국속 식물이므로 '자그레브' 품종은 금계국으로 분류하기도 한다. 꽃 지름은 5cm 정도이다. 종자 번식은 씨앗을 뿌린 뒤 2~3주 뒤 발아한다. 토양을 가리지 않고 건조함에도 강하고 노지 월동도 가능하다.

 어떻게 키울까요?

- · 높이 30~60cm
- · 햇빛 양지
- · 번식 종자, 포기나누기
- · 꽃 6~8월
- · 온도 월동 가능
- · 수분 보통
- · 잎 깃꼴겹입
- · 토양 가리지 않음
- · 용도 화단, 지피식물, 암석정원

시네라리아

국화과 한해살이풀 | *Senecio x hybrida*

시네라리아

푸른색 꽃

흰색꽃

원종은 아프리카 서쪽 카나리아제도가 원산지이다. 여러 가지 꽃 색상이 있다. 씨앗을 늦여름에서 가을 사이에 파종하며 2~3주 뒤 발아한다. 가정에서 키우려면 서리가 내리기 전 따뜻한 베란다로 옮기고, 여름에는 서늘한 북쪽으로 옮긴다.

 어떻게 키울까요?

· **높이** 40~90cm
· **햇빛** 밝은 그늘
· **번식** 종자

· **꽃** 2~4월
· **온도** -2도 이상
· **수분** 보통

· **잎** 마른모꼴
· **토양** 일반 토양
· **용도** 화분, 베란다

디모르포테카 ^{오스테오스페르뭄}

국화과 한해살이풀 | *Dimorphotheca spp.*

디모르포테카

오스테오스페르뭄

디모르포테카 품종

남아프리카가 원산지이며 한해살이풀로 취급하고, 비슷한 꽃인 오스테오스페르뭄은 여러해살이풀이다. 세계적으로 50여 유사종이 있다. 오스테오스페르뭄은 남부지방에서 어느 정도 월동할 수 있다. 아프리칸데이지라고도 한다.

 어떻게 키울까요?

· 높이 30~50cm
· 햇빛 양지
· 번식 종자

· 꽃 4~6월
· 온도 -2도~3도 이상
· 수분 보통

· 잎 각진 주걱 모양
· 토양 유기질 토양
· 용도 화단, 정원

풍차디모르

풍차데모루 · 왕관테모루
국화과 여러해살이풀 | Osteospermum "Pink Whirls"

풍차디모르

꽃

잎

오스테오스페르뭄의 원예종이다. 유명 품종으로 O "Pink Whirls"과 O fruticosum 'Whirligig' 등이 있다. 꽃 지름은 5cm 정도이고 꽃잎이 풍차처럼 말려 있다. 품종에 따라 흰색, 크림색, 핑크, 보라색 꽃이 핀다.

 어떻게 키울까요?

· 높이 40cm
· 햇빛 양지
· 번식 꺾꽂이

· 꽃 4~6월
· 온도 -2~3도 이상
· 수분 보통

· 잎 주걱 모양
· 토양 점질 양토
· 용도 화단, 베란다

종이꽃 로단테

국화과 한해살이풀 | *Rhodanthe manglesii*

꽃

종이꽃

잎

호주 서남부 원산으로 50여 유사종이 있다. 꽃 지름은 3cm 정도이고 흰색, 분홍색, 노란색 꽃이 있다. 유럽에는 19세기경 James Mangles(1786-1867)에 의해 종자가 전파되었다. 말린 꽃도 원래 생화와 비슷하여서 장식꽃으로도 인기가 높다.

어떻게 키울까요?

· **높이** 30~50cm
· **햇빛** 양지
· **번식** 종자, 포기나누기

· **꽃** 3~4월
· **온도** 5도 이상
· **수분** 다소 촉촉하게

· **잎** 달걀 모양
· **토양** 가리지 않음
· **용도** 화단, 베란다, 드라이플라워

가자니아

국화과 한해/여러해살이풀 | *Gazania hybrida*

주황색 꽃

잎

가자니아

남아프리카 원산이다. 꽃의 지름은 6~7㎝ 정도이고 황색, 노란색, 크림, 빨간색, 분홍색, 흰색 품종이 있다. 종자는 9월 말이나 4월 중순에 파종하는데 가을에 파종하면 봄에, 봄에 파종하면 여름에 꽃을 볼 수 있다. 여름 직사광선에 취약하다.

 어떻게 키울까요?

· 높이 15~30cm
· 햇빛 양지
· 번식 종자, 포기나누기

· 꽃 5~9월
· 온도 10도 이상
· 수분 보통

· 잎 바소꼴
· 토양 가리지 않음
· 용도 화단, 베란다, 지피식물

1. 흰색 꽃
2. 노란색 꽃
3. 타이거가자니아

은엽아지랭이

국화과 여러해살이풀 | *Cotula hispida*

은엽아지랭이

남아프리카 원산으로 은쑥이라고도 부르지만 국화과 쑥속의 은쑥과는 다른 식물이다. 잎은 은쑥 잎을 닮았고 긴 줄기가 올라온 뒤 황금색 꽃이 핀다. 꽃 모양이 비슷한 식물인 황금볼(*Craspedia globosa*)과는 잎 모양이 다르다.

 어떻게 키울까요?

- ·높이 10cm
- ·햇빛 양지~반그늘
- ·번식 종자, 포기나누기

- ·꽃 3~5월
- ·온도 노지월동 가능
- ·수분 보통

- ·잎 피침형
- ·토양 사질양토
- ·용도 지피식물, 암석정원

밀짚꽃 ^{바스라기}

국화과 한두해살이풀 | *Helichrysum bracteatum*

밀짚꽃

활짝 핀 꽃

빨간색 품종

'종이꽃'이라고 부르는데 밀짚꽃이 정식 명칭이다. 꽃의 지름은 3~6cm 정도이고 노란색, 핑크, 흰색, 빨간색 꽃이 있다. 종이꽃과 마찬가지로 절화로 인기가 높다. 원산지는 호주이다. 씨앗은 섭씨 18~26℃에서 7~10일 뒤에 발아한다.

 어떻게 키울까요?

- **높이** 60~90cm
- **햇빛** 양지
- **번식** 종자

- **꽃** 6~9월
- **온도** 월동 가능(남부)
- **수분** 보통

- **잎** 긴 피침형
- **토양** 보통
- **용도** 화단, 정원, 약용(꽃)

마가렛 ^{미니마가렛}

국화과 한해살이풀 | *Chrysanthemum paludosum*

꽃

마가렛

잎

시중 꽃집에서 흔히 볼 수 있는 마가렛은 대부분 미니마가렛이다. 원래 마가렛 학명은 *Argyranthemum frutescens*이며 흔히 목마가렛이라고 부른다. 미니마가 렛은 섭씨 12~18℃에서 10~14일 뒤 발아하고, 12주 뒤에 꽃을 볼 수 있다.

어떻게 키울까요?

· 높이 10~45cm
· 햇빛 양지~반양지
· 번식 종자

· 꽃 4~6월
· 온도 월동 불가
· 수분 다소 촉촉하게

· 잎 큰 톱니 모양
· 토양 비옥한 토양
· 용도 화단, 절화

목마가렛 _{마가렛 · 나무쑥갓}

국화과 여러해살이풀 | *Argyranthemum frutescens*

분홍색 품종

목마가렛

붉은색 품종

카나리아제도 원산이다. 잎 모양이 쑥갓잎을 닮았다. 줄기 하단부가 목질화되기 때문에 '목마가렛'이라고 부른다. 꽃의 색상은 오렌지, 붉은색, 분홍색, 흰색, 노란색 등이 있고, 씨앗 파종 시기에 따라 늦봄~늦여름에 꽃을 볼 수 있다.

 어떻게 키울까요?

- · 높이 30~90cm
- · 햇빛 양지
- · 번식 종자, 포기나누기

- · 꽃 5~8월
- · 온도 월동 가능(남부)
- · 수분 보통

- · 잎 깃꼴, 쑥갓잎 모양
- · 토양 보통
- · 용도 화단, 절화

콜레오스테푸스 미코니스 국화과 한해살이풀 | *Coleostephus myconis*

꽃

콜레오스테푸스 미코니스

잎

지중해와 남부유럽이 원산지이다. 잎 길이는 2~5cm이고 가장자리에 불규칙한 둥근 톱니가 있다. 꽃 지름은 2~3cm이고 보통 노란색 꽃이 핀다. 지중해 동부 에게 해의 원주민은 전초를 살충, 방부, 소독, 위장약 등에 사용한 기록이 있다.

 어떻게 키울까요?

· 높이 30~50cm
· 햇빛 양지
· 번식 종자

· 꽃 4~7월
· 온도 월동 불가
· 수분 보통

· 잎 둥근 톱니 모양
· 토양 일반 토양
· 용도 화단, 약용(전초)

대국

국화과 여러해살이풀 | *Chrysanthemum morifolium*

대국 품종

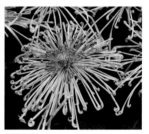

흰색 품종

주황색 품종

원예종 국화 중 꽃 지름이 16~8cm 이상인 것을 대국이라 한다. 대국도 소국처럼 품종이 많아서 보통 잎 모양을 보고 판단하는데, 잎 모양이 깃꼴로 갈라진 경우 대국으로 봐도 무방하다. 소국과 달리 줄기 하나당 한 송이의 꽃이 달린다.

어떻게 키울까요?

· 높이 100cm
· 햇빛 양지~반양지
· 번식 분주, 눈꽂이
· 꽃 9~11월
· 온도 실내 월동
· 수분 보통
· 잎 깃꼴
· 토양 기름진 토양
· 용도 화단, 절화, 추모화환

포트맘 _{소국 · 개량국화}

국화과 여러해살이풀 | *Chrysanthemum indicum*

소국

노란색 품종

노란-빨간색 품종

원예종 국화 중에서 꽃 지름이 7㎝ 이하인 경우 소국이라고 한다. 줄기 하나당 꽃이 많이 달리고 잎이 깃꼴로 갈라진다. 품종이 많기 때문에 구별이 어려운데 가을에 볼 수 있는 꽃 중 잎이 깃꼴로 갈라지는 것은 전부 소국으로 봐도 무방하다. 우리나라 구절초와 잎이 닮았다.

 어떻게 키울까요?

· 높이 100cm
· 햇빛 양지~밝은 그늘
· 번식 꺾꽂이, 분주

· 꽃 8~11월
· 온도 월동 가능
· 수분 보통

· 잎 깃꼴
· 토양 기름진 토양
· 용도 화단, 절화, 꽃바구니

1. 흰색+분홍색 품종
2. 주황색 겹꽃 품종
3. 분홍색 품종
4. 흰분홍색 겹꽃 품종
5. 붉은색 품종

다알리아

국화과 여러해살이풀 | *Dahlia pinnata*

꽃

다알리아

잎

중미, 멕시코 원산지이다. 높이 2m까지 자라지만 왜성종은 높이 30cm 정도로 자란다. 스웨덴 식물학자 Anders Dahl의 이름에서 따왔고, 1815년 겹꽃품종이 개발되었다. 초기에는 감자 모양의 뿌리를 식용할 목적으로 재배한 채소식물이었다. 잎 모양이 1~2회 깃꼴로 갈라지므로 과꽃과 구별할 수 있다.

 어떻게 키울까요?

· 높이 30~200cm
· 햇빛 양지
· 번식 꺾꽂이

· 꽃 7~10월
· 온도 0도 이상
· 수분 보통

· 잎 1~2회 깃꼴
· 토양 비옥한 토양
· 용도 화단, 정원

과꽃

국화과 한해살이풀 | *Callistephus chinensis*

꽃

잎

과꽃

잎

중국과 북한 땅에서 자생한다. 아스터 국화의 일종이지만 아스터와는 잎 모양이 다르다. 꽃 지름은 6~7cm 정도이고 품종에 따라 홑꽃, 반겹꽃, 겹꽃 품종이 있다. 꽃 색상은 파랑, 라벤더, 핑크, 빨강, 노랑, 흰색 등이 있다. 잎은 마른모꼴이다.

 어떻게 키울까요?

· 높이 30~100cm
· 햇빛 양지~반양지
· 번식 종자

· 꽃 7~9월
· 온도 0도 이상
· 수분 보통

· 잎 주걱형~마른모꼴
· 토양 유기질 사질 양토
· 용도 화단, 절화, 식용(어린잎)

아스터

국화과 여러해살이풀 | *Aster L.*

아스터(분홍색)

청겹 아스터

잎

아시아, 유럽, 북미에 약 600여 종의 유사종이 있다. 우리나라의 개미취 등이 아스터에 속한다. 이름은 별 모양의 꽃이라는 뜻의 그리스어(Star)에서 유래한다. 보통 가을에 꽃이 피지만 고산성 아스터는 4~5월에 꽃이 핀다.

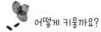

어떻게 키울까요?

- **높이** 10~100cm
- **햇빛** 양지~반그늘
- **번식** 포기나누기, 꺾꽂이
- **꽃** 4~10월
- **온도** 월동 가능
- **수분** 보통
- **잎** 피침형, 긴 타원형
- **토양** 일반 토양
- **용도** 화단, 지피식물

금잔화 _{포트메리골드}

국화과 여러해살이풀 | *Calendula officinalis*

금잔화

꽃

잎

남유럽 원산으로 원산지에서는 여러해살이풀이지만 우리나라에서는 가을에 씨앗을 뿌리는 추파 한해살이풀이다. 꽃 지름은 4~7㎝이고 주황색이다. 꽃은 샐러드로 식용하거나 약용, 향수, 염료로 사용한다.

 어떻게 키울까요?

· 높이 20~70cm
· 햇빛 양지
· 번식 종자, 꺾꽂이

· 꽃 3~5월
· 온도 월동 가능(남부)
· 수분 보통

· 잎 주걱 모양
· 토양 비옥한 토양
· 용도 화단, 정원, 식용(꽃), 향수

천수국 ^{아프리칸메리골드}

국화과 한해/여러해살이풀 | *Tagetes L.*

노란색 품종

천수국

잎

아메리카 대륙 원산으로 '아프리칸메리골드'라고도 부른다. 꽃 지름은 5~12cm 정도이고 노란색, 주황색 등이 있다. 종자는 봄에 파종하고 여름과 가을에 꽃을 본다. 식물체에서 특유의 냄새가 있어 벌레를 쫓는 효과가 있다.

 어떻게 키울까요?

· 높이 30~100cm
· 햇빛 양지
· 번식 종자

· 꽃 3~10월
· 온도 5도 이상
· 수분 조금 적게

· 잎 1회 깃꼴겹잎
· 토양 석회질 토양
· 용도 화단, 정원, 염료, 식용(꽃)

만수국 ^{프렌치메리골드}

국화과 여러해살이풀 | *Tagetes patula*

꽃

잎

만수국

남미 원산이다. 프랑스에서 원예종이 만들어졌다고 하여 '프렌치메리골드'라고도 부른다. 식물체에서 특유의 향이 있다. 천수국과 만수국은 채소밭에서 벌레를 퇴치하기 위해 심는다. 꽃잎은 요리에 첨가하거나 샐러드로 식용한다.

어떻게 키울까요?

- · 높이 60~60cm
- · 햇빛 양지
- · 번식 종자, 꺾꽂이

- · 꽃 7~10월
- · 온도 5도 이상
- · 수분 조금 적게

- · 잎 1회 깃꼴겹잎
- · 토양 석회질 토양
- · 용도 화단, 식용(꽃), 향수, 염료

청화국 블루데이지·펠리시아

국화과 한해/여러해살이풀 | *Felicia amelloides*

꽃

청화국

잎

원산지인 남아프리카에서는 여러해살이풀이지만 우리나라에서는 한해살이풀로 분류한다. 꽃 지름은 3~5cm 정도이고 밝은 하늘색 또는 파란색 꽃이 핀다. 상록 성의 잎은 무늬가 있는 품종과 무늬가 없는 품종이 있다.

 어떻게 키울까요?

· 높이 30~50cm	· 꽃 5~9월	· 잎 타원형
· 햇빛 양지	· 온도 5~8도 이상	· 토양 일반 토양
· 번식 분주, 꺾꽂이	· 수분 보통	· 용도 화단, 지피식물, 어린이 정원

72

천인국 가일라르디아

국화과 여러해살이풀 | *Gaillardia pulchella*

천인국

북미 중부지방이 원산지이고 몇몇 품종은 멕시코가 원산지이다. 잎은 4~10㎝의 피침형이거나 주걱형이다. 꽃은 지름 3~6㎝ 정도이고 두 가지 색이 있다. 우리나라 중부지방의 경우 겨울에 비닐로 덮어두면 월동할 수 있다.

어떻게 키울까요?

· **높이** 60cm
· **햇빛** 양지
· **번식** 종자, 뿌리꽂이

· **꽃** 3~5월
· **온도** 월동 가능
· **수분** 다소 건조하게

· **잎** 피침형~주걱형
· **토양** 보통
· **용도** 화단, 지피식물

에키나시아 자주천인국 · 자주루드베키아
국화과 여러해살이풀 | *Echinacea purpurea*

에키나시아

꽃

잎

북미 동부지방이 원산지이다. 루드베키아와 비슷하지만 보라색 꽃이 핀다. 잎
은 어긋나고 피침형이거나 긴 타원형이다. 말린 꽃은 절화로 인기가 높다. 속명
*Echinacea*는 그리스어의 Echinos(고슴도치)에서 유래한다.

 어떻게 키울까요?

· 높이 60~150cm	· 꽃 7~9월	· 잎 피침형~긴 타원형
· 햇빛 양지~반그늘	· 온도 월동 가능	· 토양 점질 토양
· 번식 종자, 포기나누기	· 수분 보통	· 용도 화단, 절화 약용(화장품)

루드베키아 _{원추천인국}

국화과 한해/여러살이풀 | *Rudbeckia L.*

루드베키아

꽃

잎

북미 동부지방이 원산지이다. 잎 길이는 5~25cm이고 꽃은 원추 모양이다. 속명 *Rudbeckia*는 스웨덴의 식물학자 칼 린네가 그의 은사인 웁살라 대학의 Olof Rudbeck을 기리기 위해 붙였고, '원추천인국'은 꽃 모양이 원추 모양이라고 해서 붙여진 이름이다.

 어떻게 키울까요?

- · 높이 50~200cm
- · 햇빛 양지
- · 번식 종자, 포기나누기

- · 꽃 7~9월
- · 온도 월동 가능
- · 수분 보통

- · 잎 피침형~긴 타원형
- · 토양 일반 토양
- · 용도 화단, 정원

75

큰금계국

금계국 · 가는잎금계국

국화과 한해/두해살이풀 | *Coreopsis Lanceolata*

가는금계국

금계국

큰금계국

'큰금계국'은 북미 원산이다. 꽃 지름은 4~6cm 정도이고 노란색 꽃이 핀다. 세계 적으로 약 100여 종의 유사종이 있다. '금계국'은 '황화코스모스'라고도 부르는 멕 시코 원산의 원예종이다. 주황색꽃이 피며 속명은 *Cosmos sulphureus*이다.

 어떻게 키울까요?

· 높이 30~60cm
· 햇빛 양지
· 번식 종자

· 꽃 6~9월
· 온도 월동 가능
· 수분 보통

· 잎 피침형
· 토양 점질 토양
· 용도 화단, 암석정원, 지피식물

기생초

국화과 한해/두해살이풀 | *Coreopsis tinctoria*

기생초

꽃

관상화 부분

꽃 모양이 마치 기생(妓生)이 화장한 것 같다 하여 기생초라는 붙은 것으로 알려졌다. 꽃 지름은 2~5cm 정도이고 중앙은 밤색, 외곽은 노란색이 돈다. 꽃잎처럼 보이는 설상화는 7~8개가 달린다. 북미 원산지에서는 모래땅, 황무지 등에서 자생한다.

 어떻게 키울까요?

- · 높이 30~100cm
- · 햇빛 양지
- · 번식 종자

- · 꽃 7~10월
- · 온도 10도 가능
- · 수분 보통

- · 잎 2회 깃꼴겹잎
- · 토양 사질 토양
- · 용도 화단, 암석정원, 지피식물

잇꽃 ^{홍화}

국화과 두해살이풀 | *Carthamus tinctorius*

꽃

잇꽃

군락

흔히 약용 또는 염료용으로 재배한다. 종자를 홍화씨라고 부른다. 홍화씨에서 추출한 기름은 해바라기유와 비슷하여 드레싱으로 식용하고 화장품, 등불의 원료로 쓴다. 고대 이집트에서 염료용으로 경작했던 것이 중국을 통해 전래되었다.

 어떻게 키울까요?

· 높이 30~150cm
· 햇빛 양지
· 번식 종자

· 꽃 7~8월
· 온도 월동 가능
· 수분 보통

· 잎 넓은 피침형
· 토양 비옥한 토양
· 용도 화단, 식용, 약용(화장품)

멜람포디움

국화과 한해살이풀 | *Melampodium paludosum L.*

멜람포디움

꽃

잎

아메리카 대륙이 원산지이다. 꽃 지름은 2.5cm 정도이고 잎 길이는 2~5cm 정도이다. 꽃 색상은 노란색과 크림색이 있다. 한해살이풀이지만 스스로 종자 번식이 잘된다. 세계적으로 40여종의 유사종이 있다.

어떻게 키울까요?

· 높이 30~90cm
· 햇빛 양지~반양지
· 번식 종자

· 꽃 5~9월
· 온도 10도 이상
· 수분 약간 건조하게

· 잎 넓은 피침형
· 토양 일반 토양
· 용도 화단, 지피식물

아게라툼 ^{불로화}

국화과 한해살이풀 | *Ageratum houstonianum*

꽃

아게라툼

잎

멕시코 일대의 열대 아메리카 지역이 원산지이다. 꽃 색상은 파란색, 핑크, 빨강, 흰색 등이 있다. 건조한 토양에서는 곰팡이류가 잘 끼므로 약간 촉촉한 토양에서 키우고, 여름철 직사광선과 장마비는 피한다.

 어떻게 키울까요?

· 높이 20~60cm
· 햇빛 양지~반그늘
· 번식 종자

· 꽃 6~10월
· 온도 월동 불가
· 수분 약간 촉촉하게

· 잎 심장 모양
· 토양 비옥한 토양
· 용도 화단, 걸이분, 절화

상록구절초

국화과 여러해살이풀 | *Rhodanthemum hosmariense*

꽃

잎

상록구절초

아프리카 원산으로 '모로코데이지'라고도 부른다. 구절초 종류의 원예종이다. 뽀얀 털이 있는 잎이 은회색으로 보인다. 실내에서 키우면 늦가을부터 봄까지 꽃을 볼 수 있다. 은회색 잎은 상록성이기 때문에 1년 내내 감상할 수 있다.

 어떻게 키울까요?

· **높이** 30~60cm
· **햇빛** 양지
· **번식** 종자, 꺾꽂이

· **꽃** 10~4월
· **온도** 월동 가능
· **수분** 보통

· **잎** 깃꼴겹잎
· **토양** 기름진 토양
· **용도** 화단, 베란다, 지피식물

데이지 ^{잉글리시데이지}

국화과 한해살이풀 | *Bellis perennis*

데이지

흰꽃 품종

붉은색 품종

유럽 원산이며 *Bellis perennis* 'Pomponette' 품종이 가장 유명하다. 밤에는 꽃잎을 닫고 아침에는 꽃잎을 연다고 해서 하루의 눈(Eye of the Day)이라는 뜻에서 Daisy라는 이름이 붙었다. 품종에 따라 꽃의 지름이 5~6cm에 달한다.

 어떻게 키울까요?

· **높이** 10~15cm
· **햇빛** 양지~반그늘
· **번식** 종자
· **꽃** 3~6월
· **온도** 10도 이상
· **수분** 보통
· **잎** 주걱 모양
· **토양** 유기질 토양
· **용도** 화단, 지피식물, 약용, 식용

샤스타데이지

국화과 여러해살이풀 | *Leucanthemum x superbum*

샤스타데이지

꽃

군락

미국의 원예학자인 루터 버뱅크가 프랑스 국화와 동양산 국화를 교배하여 만든 하이브리드 품종이다. 꽃 지름은 6cm, 줄기 끝에 1송이씩 달린다. 다양한 품종이 있으며 품종에 따라 꺾꽂이, 포기나누기 등으로 번식할 수 있다.

 어떻게 키울까요?

· 높이 60~90cm
· 햇빛 양지~반그늘
· 번식 종자, 포기나누기

· 꽃 6~7월
· 온도 월동 가능
· 수분 보통

· 잎 피침형, 결각
· 토양 비옥한 토양
· 용도 화단, 지피식물, 절화

백일홍

국화과 한해살이풀 | *Zinnia elegans*

백일홍

노란색 품종

분홍색 품종

멕시코 원산이다. 꽃 지름은 5~15cm 정도이고 홑꽃, 겹꽃 품종이 있다. 색상은 노란색, 녹색, 오렌지, 빨간색, 핑크, 보라색, 라벤더색, 라일락, 자주색, 보라색 등 매우 다양하다. 멕시코 사막에서 자생하지만 점질 토양에서 더 잘 자란다.

 어떻게 키울까요?

· 높이 60~90cm
· 햇빛 양지
· 번식 종자

· 꽃 6~10월
· 온도 10도 이상
· 수분 보통

· 잎 달걀형
· 토양 비옥한 점질 양토
· 용도 화단, 정원

백묘국

국화과 여러해살이풀 | *Senecio cineraria*

백묘국

꽃

노란색 품종

지중해 연안이 원산지이다. 꽃 지름은 2.5cm 정도이고 빨강, 흰색, 파랑, 연보라색의 꽃이 핀다. 보통 은회색 잎을 관상할 목적으로 키운다. 전초에 약간의 독성이 있을 수 있으므로 반려동물의 섭취에 주의해야 한다.

 어떻게 키울까요?

· 높이 40~80cm · 꽃 6~9월 · 잎 깃꼴겹잎
· 햇빛 양지~반그늘 · 온도 8도 이상 · 토양 유기질 토양
· 번식 종자, 꺾꽂이 · 수분 보통 · 용도 화단, 베란다, 온실

85

목엉겅퀴

국화과 낙엽 소관목 | *Centratherum punctatum*

목엉겅퀴

꽃

잎

브라질 원산으로 환태평양의 섬지역으로 귀화하였다. 줄기는 높이 50㎝로 자라고 하단부가 목질화 한다. 잎은 주걱 모양의 타원형이고 잎자루에 날개가 있으며, 잎에서 연한 향기가 난다. 꽃은 밝은 자주색이고, 늦봄~여름에 개화하지만, 온도만 맞으면 연중 꽃이 핀다.

 어떻게 키울까요?

· 높이 50cm
· 햇빛 양지
· 번식 종자

· 꽃 늦봄~여름
· 온도 10도 이상
· 수분 보통

· 잎 주걱 모양
· 토양 일반 토양
· 용도 화분, 베란다

도만금 ^{도망국(都忘菊)}

국화과 여러해살이풀 | *Gymnaster savatieri*

도만금

꽃

잎

일본산 국화과 식물로서 일본 심산 쑥부쟁이의 원예종이다. 꽃 지름은 3cm, 꽃 색상은 흰색, 연한 보라색 등이 있다. 잎은 톱니가 있고 잎자루에 날개가 있다. 봄이면 꽃집에서 야생화로 분류해서 판매하는데 정확히는 일본의 원예 품종이다.

 어떻게 키울까요?

- · 높이 20~50cm
- · 햇빛 양지~반그늘
- · 번식 꺾꽂이
- · 꽃 6~9월
- · 온도 월동 가능
- · 수분 보통
- · 잎 넓은 타원형
- · 토양 일반 토양
- · 용도 화분, 베란다

리빙스텐데이지 석류풀과 여러해살이풀 | *Dorotheanthus bellidiformis*

리빙스턴데이지

꽃

노란색 품종

남아프리카 바닷가 모래밭에서 자생한다. 잎은 주걱 모양의 다육질이고 잎에는 때때로 점박이 무늬가 있다. 꽃 색상은 흰색, 노란색, 빨간색 등이 있다. 종자를 가을에 뿌려 번식한다. 사철채송화와 매우 닮았으나 꽃밥 부분이 다르다.

 어떻게 키울까요?

· **높이** 10~30cm
· **햇빛** 양지
· **번식** 종자

· **꽃** 5~6월
· **온도** 5도 이상
· **수분** 약간 적게

· **잎** 주걱 모양
· **토양** 비옥한 토양
· **용도** 화단, 암석정원, 걸이분

천일홍

비름과 한해살이풀 | *Gomphrena globosa*

천일홍

꽃

잎

브라질, 파나마, 과테말라가 원산지이다. 줄기는 각이 지고 높이 60cm 정도로 자란다. 둥근 두상꽃에 자잘한 꽃이 모여 달린다. 꽃받침잎은 5개이고 수술 5개, 암술 1개이다. 꽃 색상은 보라, 빨강, 흰색, 핑크색 등이 있다.

 어떻게 키울까요?

- **높이** 20~60cm
- **햇빛** 양지
- **번식** 종자

- **꽃** 7~10월
- **온도** 월동 불가
- **수분** 보통

- **잎** 넓은 타원형
- **토양** 일반 토양
- **용도** 화단, 지피식물, 절화

맨드라미 _{촛불맨드라미}

비름과 한해살이풀 | *Celosia cristata*

촛불맨드라미

주먹맨드라미

맨드라미 품종

인도 원산이다. 꽃차례에 따라 주먹, 박스, 촛불, 닭벼슬, 분홍맨드라미 등의 품종이 있다. 또한 잎 색상에 따라 녹색, 적갈색, 청동색 품종이 있다. 꽃받침은 5갈래로 갈라지고 수술은 5개, 암술은 1개이다. 꽃과 어린잎은 식용하기도 한다.

 어떻게 키울까요?

· 높이 90cm
· 햇빛 양지
· 번식 종자

· 꽃 8~9월
· 온도 15도 이상
· 수분 약간 건조하게

· 잎 난상 피침형
· 토양 사질 양토
· 용도 화단, 절화, 식용(어린잎)

90

색비름

비름과 한해살이풀 | *Amaranthus tricolor*

색비름

카리브해, 아프리카, 동남아시아 열대지역 원산이다. 수많은 원예종이 있다. 아프리카에서는 어린잎을 채소처럼 식용하고, 남미에서는 수프에 넣어 먹고 아시아에서는 어린잎을 볶아먹는다. 4월에 종자를 뿌리면 7~10일 뒤에 발아한다.

어떻게 키울까요?

· 높이 80~150cm
· 햇빛 양지
· 번식 종자

· 꽃 8~10월
· 온도 월동 불가
· 수분 보통

· 잎 긴 마른모꼴
· 토양 비옥한 토양
· 용도 화분, 울타리, 식용(어린잎)

새깃유홍초 ^{둥근잎유홍초}

메꽃과 덩굴성 한해살이풀 | *Quamoclit pennata*

새깃유홍초의 꽃

새깃유홍초

둥근잎유홍초

길이 1~7m 정도로 자라는 덩굴성 식물이다. 원산지는 열대 아메리카이며 잎이
가느다란 새깃유홍초와 둥근잎유홍초가 있다. 가정에서 키우려면 펜스에 키우는
것이 좋고 번식력이 왕성하여 잘 퍼져 자란다. 5월 중순에 종자로 파종한다.

 어떻게 키울까요?

- ·길이 1~7m 이상
- ·햇빛 양지~반그늘
- ·번식 종자

- ·꽃 7~8월
- ·온도 월동 불가
- ·수분 보통보다 자주

- ·잎 가는형, 둥근형
- ·토양 중성 토양
- ·용도 화단, 절개지

스케볼라 ^{부채꽃 · 누운부채꽃}

구데니아과 한해/여러해살이풀 | *Scaevola aemula*

꽃

스케볼라

잎

호주 남부지방이 원산지이다. 꽃이 손바닥 모양을 닮았다. 직립 품종은 '부채꽃',
누워 자라는 품종은 '누운부채꽃'이라고도 부른다. 꽃 지름은 2.5~3cm 정도이고
색상은 자주색, 파란색, 흰색 등이 있다. 정식 명칭은 '스케볼라 애물라'이다.

 어떻게 키울까요?

· 높이 50cm
· 햇빛 양지~반양지
· 번식 줄기꺾꽂이, 종자

· 꽃 8~3월
· 온도 -1도~5도
· 수분 보통

· 잎 긴피침형
· 토양 일반 토양
· 용도 화단, 걸이분

초연초

구데니아과 상록 소관목 | *Lechenaultia formosa*

초연초

꽃

잎

호주 서남부 원산으로서 호주에서는 흔히 걸이분으로 키운다. 꽃잎은 5개, 꽃 색상은 빨강, 분홍색, 오렌지색, 주황색, 노란색 등이 있다. 소나무 잎처럼 생긴 잎은 길이 1~2cm 정도이고 짧고 부드럽다. 국내에서는 이른 봄에 꽃이 핀다.

 어떻게 키울까요?

· 높이 10~50cm
· 햇빛 양지~반그늘
· 번식 종자

· 꽃 11~5월
· 온도 실내 월동
· 수분 다소 건조하게

· 잎 침형
· 토양 펄라이트 혼합
· 용도 걸이분, 암석정원

로벨리아

숫잔대과 한해/여러해살이풀 | *Lobelia erinus*

아프리카 품종

로벨리아 아프리카 품종

북미 품종

열매 남미와 아프리카, 북미 온대지방에 분포한다. 흔히 보는 원예종 로벨리아는 아프리카가 원산지이고 숫잔대와 닮은 직립형 품종은 온대지방에서 자생한다. 북미 인디언들은 직립형 품종의 뿌리를 매독치료에 사용했지만 니코틴 성분이 심하므로 주의해야 한다.

 어떻게 키울까요?

· **높이** 8~20cm
· **햇빛** 반양지
· **번식** 종자, 꺾꽂이

· **꽃** 4~10월
· **온도** 월동 불가
· **수분** 보통

· **잎** 피침형
· **토양** 일반 토양
· **용도** 화단, 지피식물, 약용(뿌리)

이소토마

숫잔대과 한해/여러해살이풀 | *Isotoma axillaris*

이소토마

꽃

잎

호주 서남부지역이 원산이다. 원산지에서는 서리 없는 지역의 모래 토양과 바위 웅덩이 주변, 절벽, 바위 틈새에서 자생한다. 별 모양의 꽃은 지름 1.5cm 정도이고 보라, 파랑, 흰색 꽃이 핀다. 식물체의 수액은 독성이 강하므로 식용할 수 없다.

어떻게 키울까요?

- **높이** 15~40cm
- **햇빛** 양지~밝은 그늘
- **번식** 종자, 꺾꽂이
- **꽃** 6~9월
- **온도** -5도~0도 이상
- **수분** 보통
- **잎** 피침형, 결각
- **토양** 일반 토양
- **용도** 화단, 걸이분, 지피식물

시클라멘

앵초과 여러해살이풀 | *Cyclamen persicum*

시클라멘

흰꽃 품종

분홍꽃 품종

지중해 연안과 그리스, 튀르키예에서 자생한다. 보통은 겨울에 꽃을 볼 수 있지만 연중 꽃을 보기도 한다. 여름에 온도가 섭씨 20~25℃ 이상으로 상승하면 휴면기에 접어든다. 가정에서 키우려면 서늘하고 밝은 그늘에서 키운다.

 어떻게 키울까요?

· 높이 10~30cm   · 꽃 11~4월   · 잎 심장 모양
· 햇빛 밝은 그늘   · 온도 5도 이상   · 토양 초탄흙
· 번식 종자, 포기나누기   · 수분 저면관수   · 용도 걸이분, 공기정화

임파첸스 뉴기니 임파첸스

봉선화과 한해/여러살이풀 | *Impatiens walleriana*

임파첸스

아프리카 임파첸스

뉴기니 임파첸스

아프리카 동부지역이 원산지이다. 보통 잎이 둥글고 예쁜 것은 아프리카 인파첸스이고, 잎이 뾰족하고 거친 것은 뉴기니 임파첸스로 동정한다. 꽃을 식용할 경우에는 샐러드 등으로 식용한다.

 어떻게 키울까요?

· 높이 20~60cm
· 햇빛 반음지~밝은 그늘
· 번식 포기나누기

· 꽃 5~11월
· 온도 실내 월동
· 수분 조금 촉촉하게

· 잎 넓은 타원형
· 토양 일반 토양
· 용도 화단, 걸이분, 식용(꽃)

아르메리아

갯질경이과 여러해살이풀 | *Armeria maritima*

아르메리아

꽃

잎

원산지는 영국과 유럽 해안지방이다. 부추꽃을 닮았다고 하여 '나도부추'라는 별명이 있다. 자생지에서는 어린잎을 식재료로 쓴다. 꽃 색상은 붉은색, 흰색 등이 있다. 주로 모래땅에서 자라므로 비옥한 점질 토양이 아닌 사질 토양이 좋다.

 어떻게 키울까요?

· 높이 10~20cm
· 햇빛 양지
· 번식 꺾꽂이, 종자

· 꽃 4~5월
· 온도 5도 이상
· 수분 보통

· 잎 긴 줄 모양
· 토양 사질 토양
· 용도 암석정원, 식용(어린잎)

큰풍선초

협죽도과 여러해살이풀/소관목 | *Gomphocarpus physocarpus*

절화의 소재 큰풍선초의 열매

동남아프리카 원산이다. 풍선처럼 생긴 열매를 열면 씨앗이 들어있다. 열매가 남자의 고환을 닮았다 하여 고환나무라고도 한다. 잎 모양이 협죽도 잎과 비슷하며 유독성이 있다. 원산지에서는 사마귀 치료용 연고로 쓰이기도 했다.

 어떻게 키울까요?

· 높이 60~180cm
· 햇빛 양지
· 번식 종자

· 꽃 7~8월
· 온도 1~10도 이상
· 수분 보통~적게

· 잎 긴 피침형
· 토양 사질 양토
· 용도 화분, 화단, 절화

페튜니아

가지과 한해/여러해살이풀 | Petunia x hybrida

페튜니아

보라색 품종

황색 품종

분꽃과 식물인 분꽃과 많이 닮은 페튜니아는 가지과 식물이다. 남미가 원산지이며 1823년 수집되어 파리로 보내진 뒤 원예종이 개발되면서 선풍적인 인기를 얻었다. 꽃 색상은 매우 다양하고 폭우에 취약하다.

 어떻게 키울까요?

- · 높이 20~60cm
- · 햇빛 양지
- · 번식 종자

- · 꽃 4~10월
- · 온도 월동 불가
- · 수분 보통, 과습주의

- · 잎 난형
- · 토양 일반 토양
- · 용도 화단, 걸이분

사피니아 서피니아 · 애기페튜니아

가지과 한해/여러해살이풀 | *Surfinia petunias*

꽃

잎

사피니아

페튜니아 개량종이다. 여러해살이풀이지만 우리나라에서는 한해살이풀로 분류한다. 페튜니아와 달리 폭우에도 꽃의 손실이 적고 반그늘에서도 성장이 양호하다. 종자 번식이 어려운 편이므로 꺾꽂이로 번식시킨다.

어떻게 키울까요?

· 높이 15~50cm
· 햇빛 양지~반그늘
· 번식 꺾꽂이

· 꽃 4~9월
· 온도 월동 불가
· 수분 보통

· 잎 넓은 피침형
· 토양 일반 토양
· 용도 화단, 걸이분, 지피식물

꽃고추 _{구슬고추 · 별고추}

가지과 여러해살이풀 | *Caspicum annum*

구슬고추 품종

꽃고추 품종

별고추 품종

중남미 원산으로 꽃 모양은 고추꽃과 비슷하지만 열매 모양은 품종에 따라 매우 다양한 생김새와 색상을 가졌다. 주로 열매를 보기 위해 키운다. 몇몇 품종은 열 매를 식용하기도 하지만 설익은 열매는 독성이 있으므로 식용은 피한다.

 어떻게 키울까요?

· 높이 30~40cm · 꽃 5~11월 · 잎 긴 타원형
· 햇빛 양지 · 온도 5~10도 이상 · 토양 비옥질 토양
· 번식 종자 · 수분 보통 · 용도 화단, 울타리

브룬펠시아자스민

가지과 상록 소관목 | *Brunfelsia australis*

브룬펠시아자스민

꽃

잎

남아프리카 원산과 중앙아메리카 원산이 있다. 꽃의 색상은 보라색으로 시작한 뒤 흰색, 라벤더색 등으로 변한다. 영문 이름은 'Yesterday today and tomorrow' 인데 이는 꽃의 색깔이 변화하기 것에 기인해서 붙여진 이름이다.

 어떻게 키울까요?

· 높이 100~250cm
· 햇빛 양지~밝은 그늘
· 번식 꺾꽂이, 휘묻이

· 꽃 사계절
· 온도 7~10도 이상
· 수분 보통

· 잎 긴 타원형
· 토양 약산성 토양
· 용도 화분, 울타리

퍼플자스민 _{시스트럼 엘레강스}

가지과 상록성 관목 | *Cestrum elegans*

퍼플자스민 꽃

퍼플자스민

잎

멕시코를 포함한 중앙아메리카 지역이 원산지이다. 꽃의 색상은 붉은색, 흰색, 분홍색, 녹색, 노란색 등이 있다. 꽃에 특별한 향기는 없어도 나비와 새가 즐겨 찾는다. 붉은색 열매는 독성이 있으므로 함부로 식용할 수 없다.

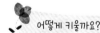

어떻게 키울까요?

· **높이** 150~300cm
· **햇빛** 반양지
· **번식** 꺾꽂이, 뿌리꽂이

· **꽃** 5~8월
· **온도** 월동 불가
· **수분** 보통

· **잎** 달걀 모양
· **토양** 유기질 토양
· **용도** 화분, 베란다, 절화

105

블루벨 ^{메르텐시아}

지치과 여러해살이풀 | *Mertensia virginica*

블루벨

꽃

잎

북미 동부 원산으로 영어 이름은 '버지니어 블루벨'이다. 원산지에서는 축축한 나무 밑과 암석지대에서 자생한다. 꽃 길이는 2.5cm 정도이고 꽃잎은 5개, 작은 나팔꽃 모양이다. 관목류 아래에 심으면 나무와 잘 어울린다. 여름에 휴면한다.

 어떻게 키울까요?

· **높이** 60cm
· **햇빛** 반양지~그늘
· **번식** 종자, 포기나누기

· **꽃** 3~6월
· **온도** 월동 불가
· **수분** 다소 촉촉하게

· **잎** 넓은 피침형
· **토양** 부식질 토양
· **용도** 화단, 암석정원, 지피식물

니코티아나 ^{꽃담배}

가지과 한해살이풀 | *Nicotiana x sanderae*

니코티아나

흰색 꽃

붉은색 꽃

하이브리드 품종으로 한해살이풀이지며 겨울에 떨어진 씨앗으로 자체 번식한다.
저녁무렵에 아름다운 꽃향기가 난다. 꽃 색상은 흰색, 붉은색, 분홍색, 크림색, 녹
색, 자주색 등이 있다. 식물체에 독성이 있으므로 식용할 수 없다.

 어떻게 키울까요?

· 높이 60~90cm
· 햇빛 양지~반음지
· 번식 꺾꽂이, 종자

· 꽃 5~8월
· 온도 월동 가능(남부)
· 수분 보통

· 잎 타원형
· 토양 부식질 토양
· 용도 화단, 울타리, 지피식물

목도라지 ^{목배풍등}

가지과 덩굴성 반관목 | *Solanum jasminoides*

꽃

목도라지

잎

브라질 원산의 덩굴성 반관목이다. 영하 7도의 추운 날씨에서도 견딜 수 있으므로 일부 지역을 제외한 전국에서 월동할 수 있다. 꽃 색상은 흰색, 연보라색, 연파란색 등이 있다. 독성식물로 열매를 섭취할 수 없다.

 어떻게 키울까요?

· 길이 3~6m
· 햇빛 양지
· 번식 꺾꽂이

· 꽃 6~10월
· 온도 월동 가능
· 수분 보통

· 잎 긴 타원형
· 토양 일반 토양
· 용도 화단, 울타리

캄파눌라 ^{초롱꽃}

초롱꽃과 여러해살이풀 | *Campanula portenschlagiana*

꽃

잎

캄파눌라

크로아티아 주변 유럽 원산이다. 꽃의 색상, 모양이 조금씩 다른 원예종이 매우 많다. 잎은 상록성이고 '*Birch Hybrid*' 품종같은 보라색 꽃 품종이 많다. 남부지방에서는 여름 무더위에 고사하지만 일부 지역에서는 노지 월동한다.

어떻게 키울까요?

· 높이 50cm
· 햇빛 양지~반음지
· 번식 포기나누기

· 꽃 4~8월
· 온도 0도 이상
· 수분 다소 건조하게

· 잎 타원형, 결각
· 토양 일반 토양
· 용도 화단, 지피식물, 걸이분

알펜블루

초롱꽃과 여러해살이풀 | *Campanula poscharskyana*

알펜블루

꽃

잎

구 유고슬라비아(세르비아와 몬테네그로) 디나르 알프스산맥 원산의 *Campanula poscharskyana* 품종의 원예종이다. 알려진 품종으로는 'Alpen Blue' 품종과 'Blue Waterfall' 품종이 있다. 잎 길이는 2.5~4cm 정도이고 꽃 지름은 3cm 정도이다.

 어떻게 키울까요?

· 높이 20~50cm
· 햇빛 양지
· 번식 종자, 꺾꽂이

· 꽃 3~9월
· 온도 5도 이상
· 수분 보통

· 잎 타원형
· 토양 사질 토양
· 용도 화단, 걸이분, 식용(어린잎)

캄파눌라 그레이스 초롱꽃과 한해/두해살이풀 | *Campanula medium*

암술

캄파눌라

분홍색 꽃과 잎

남유럽 원산의 *Campanula medium*(캄파눌라 메디움)의 하이브리드 품종이다. 'Poem Blue', 'Rose', 'Calycanthema' 등 다양한 품종이 있다. 영어 이름은 'Canterbury Bells'이다. 꽃 색상은 흰색, 파란색, 분홍색 등이 있다.

어떻게 키울까요?

· 높이 100cm
· 햇빛 양지~반그늘
· 번식 종자

· 꽃 5~7월
· 온도 실내 월동
· 수분 다소 건조하게

· 잎 긴 타원형
· 토양 일반 토양
· 용도 화단, 지피식물, 약용

물망초

가지과 여러해살이풀 | *Myosotis sylvatica*

물망초

꽃

잎

유럽과 아시아가 원산지이며, 영어 이름은 '날 잊지 말아요(Forget-Me-Not)'이다. 우리나라의 꽃마리와 유사한 식물이지만 꽃의 크기가 더 크다. 꽃 색상은 하늘색과 분홍색이 있지만 품종에 따라 색상과 크기가 많이 달라진다.

어떻게 키울까요?

· 길이 30cm
· 햇빛 양지~반그늘
· 번식 꺾꽂이

· 꽃 5~6월
· 온도 0도 이상
· 수분 조금 촉촉하게

· 잎 주걱 모양
· 토양 비옥한 토양
· 용도 화단, 걸이분, 지피식물

흑종초 ^{니겔라}

미나리아재비과 한해살이풀 | *Nigella damascena*

흑종초

남유럽, 북아프리카, 서아시아 원산이다. 씨앗이 검다 하여 흑종초라고 부른다. 역사적으로는 엘리자베스여왕 시대부터 영국에서 원예용으로 널리 심었다. 꽃 색상은 흰색, 노랑, 분홍, 파란, 보라색 등이 있다.

 어떻게 키울까요?

· **높이** 20~70cm
· **햇빛** 양지~반그늘
· **번식** 종자

· **꽃** 5~6월
· **온도** 5~10도
· **수분** 보통

· **잎** 깃꼴겹잎
· **토양** 일반 토양
· **용도** 화단, 절화

113

비올라 ^{팬지·삼색팬지}

제비꽃과 한해/두해살이풀 | *Viola tricolor*

꽃

비올라(팬지)

삼색팬지

우리나라의 제비꽃에 해당한다. 보통 '비올라'라고 부른다. '팬지'는 영국에서 부르는 명칭이다. 세계적으로 300여 종의 유사종이 있다. 여러 색이 섞여있는 품종은 '삼색팬지'라고 한다. 종자를 8~9월에 파종하면 이듬해 2~5월에 개화한다.

 어떻게 키울까요?

· 높이 15~30cm
· 햇빛 양지~반양지
· 번식 종자

· 꽃 2~5월
· 온도 -5도~4도
· 수분 보통

· 잎 주걱형, 심장형
· 토양 기름진 토양
· 용도 화단, 지피식물, 식용(꽃)

114

운간초 ^{풀매화·천상초}

범의귀과 여러해살이풀 | *Saxifraga rosacea*

운간초 꽃

흰꽃

어린잎

서유럽과 북유럽, 영국, 그린란드 등에서 자생한다. 잎 길이는 0.5cm 정도. 건조한 바위틈에서 드물게 볼 수 있다. 원산지에서는 7월에 흰꽃이 핀다. 염색체 수는 2n=52. 흔히 '천상초'라고도 하지만 서로 다른 품종으로 보기도 한다.

 어떻게 키울까요?

· 높이 15~20cm
· 햇빛 양지~반그늘
· 번식 종자, 포기나누기

· 꽃 3~5월
· 온도 월동 가능
· 수분 보통

· 잎 손바닥 모양
· 토양 일반 토양
· 용도 암석정원, 화초분재, 약용

베르게니아 _{히말라야바위취 시베리아바위취}

범의귀과 여러해살이풀 | *Bergenia Cordifolia*

꽃

잎

베르게니아

러시아, 아프카니스탄, 중앙아시아의 히말라야산맥 일대가 원산지이다. 자잘한
분홍꽃이 모여 달리고 잎은 가을에 청동색이나 황색으로 단풍이 든다. 시든 잎은
초봄에 제거한다. 3~5년마다 알뿌리를 나누어 번식시킨다.

어떻게 키울까요?

- **높이** 30~50cm
- **햇빛** 반양지~그늘
- **번식** 종자, 포기나누기
- **꽃** 3~5월
- **온도** 실내 월동
- **수분** 보통
- **잎** 타원형
- **토양** 알칼리성 토양
- **용도** 걸이분, 암석정원, 화초분재

116

헤우케라
붉은바위취 · 코랄벨

범의귀과 여러해살이풀 | *Heuchera sanguinea*

헤우케라

꽃

잎

북아메리카 서부지역이 원산지이다. 여러 가지 원예종이 보급되었다. 꽃 색상은
보통 붉은색이지만 다른 색도 있다. 꽃 모양이 벨 모양을 닮았다 하여 'Coral Bell'
이라고 부른다. 포기나누기 번식은 3~4년에 한번 실시한다.

 어떻게 키울까요?

· 높이 50~70cm
· 햇빛 양지~반그늘
· 번식 종자, 분주, 잎꽂이
· 꽃 5~7월
· 온도 실내 월동
· 수분 보통
· 잎 깃꼴겹잎
· 토양 알칼리성 비옥토
· 용도 암석정원, 화초분재

샐비어 ^{깨꽃 · 사루비아}

꿀풀과 한해살이풀 | *Salvia splendens*

샐비어

꽃

잎

원산지 브라질에서는 8m까지 자라는 고산식물이다. 원예종은 대개 왜성종이며 세계적으로 인기가 높다. 꽃은 입술 모양이고 자잘한 꽃이 많이 달린다. 꽃잎을 빨면 달콤한 꿀이 나온다. 사루비아는 정식명칭 샐비어의 일본식 발음이다.

 어떻게 키울까요?

· 높이 60~90cm
· 햇빛 양지
· 번식 종자

· 꽃 5~10월
· 온도 실내 월동
· 수분 다소 건조하게

· 잎 하트형(깻잎 모양)
· 토양 일반 토양
· 용도 화단, 지피식물

일일초 매일초 · 페어리스타

협죽도과 반관목 여러해살이풀 | *Catharanthus roseus*

일일초

꽃

잎

마다가스카르, 브라질, 자바섬이 원산지이다. 마다가스카르에서는 멸종위기식물
이지만 원예종으로 많이 보급되었다. 꽃 지름은 2~3.5cm이고 색상은 흰색, 자주,
주황, 오렌지, 붉은색이 있다. 매일 꽃이 핀다 하여 '매일초'라고도 한다.

어떻게 키울까요?

· 높이 100cm	· 꽃 7~9월	· 잎 긴 타원형
· 햇빛 양지	· 온도 5~10도 이상	· 토양 사질 토양
· 번식 종자, 꺾꽂이	· 수분 보통	· 용도 화단, 약용

119

빈카·무늬빈카

협죽도과 상록 여러해살이풀 | *Vinca major*

빈카

빈카마이너 품종

무늬빈카 품종의 잎

지중해 연안이 원산지이다. 길이 2~5m 정도로 자라는 상록성 식물로 여러 가지
품종이 있다. 월동 온도는 -5도 내외이므로 강원도를 제외한 경기 이남에서 노지
월동할 수 있다. 식물체에 독성이 있으므로 식용할 수 없다.

 어떻게 키울까요?

· 길이 200~500cm   · 꽃 2~4월   · 잎 넓은 피침형
· 햇빛 양지~반그늘   · 온도 월동 가능   · 토양 부식질 토양
· 번식 꺾꽂이, 포기나누기   · 수분 보통   · 용도 화단, 지피식물, 걸이분

개나리자스민
캘로라이나 자스민

겔세미움과 덩굴 관목 | *Gelsemium sempervirens*

개나리자스민

꽃

잎

아메리카 남부 원산이다. 흔히 '캘로라이나 자스민'이라고도 부른다. 줄기는 길이 3~6m로 자라고 잎은 상록성이다. 꽃은 노란색이고 길이 3cm 내외, 트럼펫 모양이다. 수액에 독성이 있어 식용할 수 없으나 홍역, 여드름 등에 약용하기도 한다.

 어떻게 키울까요?

· 길이 3~6m
· 햇빛 양지~반그늘
· 번식 종자, 꺾꽂이

· 꽃 5~7월
· 온도 월동 가능(남부)
· 수분 보통

· 잎 창끝 모양
· 토양 비옥한 토양
· 용도 화분, 걸이분

만데빌라 <small>동백자스민</small>

협죽도과 덩굴식물 | *Mandevilla sanderi*

꽃

만데빌라

잎

원산지는 브라질이다. 상록성 덩굴식물로서 길이 3m 내외로 자란다. 꽃의 지름은 10cm 정도이고 빨간색, 분홍색, 노란색, 흰색 품종이 있다. 식물체에 독성이 있으므로 식용하지 않는다. 꽃을 많이 보려면 봄에 가지치기를 해준다.

 어떻게 키울까요?

· 길이 3cm
· 햇빛 양지~반양지
· 번식 꺾꽂이, 분주, 휘묻이

· 꽃 5~9월
· 온도 5~8도 이상
· 수분 약간 건조하게

· 잎 타원형
· 토양 중성 토양
· 용도 화단, 걸이분

알라만다 ^{황금트럼펫}

협죽도과 열대 덩굴식물 | *Allamanda cathartica*

알라만다

꽃

잎

중남미 원산의 덩굴식물로 4m까지 자란다. 원산지에서는 말라리아 치료제로 널리 사용되고 식물체의 유백색 유액에 독성이 있다. 원래 다년생 관목이지만 국내에서는 한해살이풀로 취급한다. 알카리성 토양에서는 황백화 현상이 발생한다.

어떻게 키울까요?

- · 길이 4m
- · 햇빛 양지~반그늘
- · 번식 꺾꽂이

- · 꽃 2~4월
- · 온도 -1도
- · 수분 보통

- · 잎 넓은 피침형
- · 토양 부식질 토양
- · 용도 화단, 울타리, 약용(꽃, 뿌리)

베들레헴별꽃

오니소갈룸 두비움
다비디움

백합과 여러해살이풀 | *Ornithogalum dubium*

베들레헴별꽃 흰색 품종

주황색꽃 품종

꽃술

원산지는 남아프리카이다. 3~8개의 잎이 달리며 꽃대 끝에서 5~25개의 꽃이 달린다. 꽃 색상은 주황색, 흰색, 노란색 등이다. 까다로운 식물이므로 물 빠짐이 좋은 토양에서 매일 물관리하고 정기적으로 액비를 공급한다. 전초에 독성이 있다.

 어떻게 키울까요?

· 높이 10~30cm
· 햇빛 양지~밝은 그늘
· 번식 알뿌리, 종자

· 꽃 4~6월
· 온도 실내 월동
· 수분 다소 촉촉하게

· 잎 선형
· 토양 유기질 토양
· 용도 화단, 절화, 화초분재

124

히아신스

백합과 여러해살이풀 | *Hyacinthus spp.*

히아신스 흰꽃 품종

분홍꽃 품종

구근

지중해 동부, 튀르키예, 이란, 이스라엘이 원산지이다. 튤립투기사건이 있었던 18세기경 네덜란드 최고 인기식물이었다. 색상은 빨강, 파랑, 흰색, 오렌지, 핑크색 등이 있다. 구근(알뿌리)은 알레르기를 유발할 수 있으므로 장갑을 끼고 접촉한다.

 어떻게 키울까요?

· **높이** 20~40cm   · **꽃** 3~4월   · **잎** 긴 피침형
· **햇빛** 밝은 그늘   · **온도** 5도에서 월동   · **토양** 비옥한 토양
· **번식** 알뿌리(노칭법)   · **수분** 보통, 수경재배   · **용도** 화단, 절화, 부케, 향수재

125

무스카리

백합과 여러해살이풀 | *Muscari spp.*

무스카리

꽃

잎

히야신스의 근연종이므로 '그레이프 히야신스'라고도 부른다. 지중해가 원산지
이다. 품종에 따라 파란, 노랑, 흰색, 갈색, 보라색 꽃이 핀다. 여러 품종중에서
Muscari comosum 품종은 알뿌리를 조리해 먹는데 양파와 비슷한 향미가 있다.

어떻게 키울까요?

· 높이 20~30cm
· 햇빛 양지
· 번식 분주

· 꽃 4~5월
· 온도 월동 가능
· 수분 보통

· 잎 긴 선형
· 토양 사질 토양
· 용도 화단, 지피식물, 향수재

백합

백합과 여러해살이풀 | *Lilium spp.*

붉은꽃 품종

흰꽃 품종

알뿌리

우리나라 나리꽃에 해당하는 원예종 식물이다. 지구 북반구 온대지역에 110여 종
이 자생하며 수많은 원예종이 있다. 몇몇 원종은 알뿌리를 식용할 목적으로 키운
다. 백합과 햇갈리는 원추리는 잎이 긴 줄 모양이므로 쉽게 구별할 수 있다.

 어떻게 키울까요?

· 높이 100~200cm   · 꽃 6~8월   · 잎 바소꼴
· 햇빛 양지~반양지   · 온도 월동 가능   · 토양 비옥한 토양
· 번식 알뿌리   · 수분 보통   · 용도 화단, 울타리, 식용(알뿌리)

아가판서스

백합과 여러해살이풀 | *Agapanthus spp.*

아가판서스

꽃

잎

남아프리카 원산으로 원예종이 많다. 깔때기 모양의 꽃이 산형꽃차례로 10~50개씩 달린다. 꽃잎은 6개이고, 꽃 색상은 흰색, 보라색, 파란색 등이 있다. 아가판서스는 비슷한 식물 중에서 비교적 키우기 쉬운 식물이다.

 어떻게 키울까요?

· 높이 40~80cm
· 햇빛 양지~반 그늘
· 번식 종자, 포기나누기

· 꽃 6~8월
· 온도 월동 가능(남부)
· 수분 다소 적게

· 잎 긴 줄 모양
· 토양 유기질 토양
· 용도 화단, 울타리, 지피식물

히어유 황금부추

백합과 여러해살이풀 | *Nothoscordum spp.*

히어유

꽃

잎

아르헨티나 원산의 희귀식물이며 '자화부추'와 비슷한 종류이다. 국내에서는 이른 봄 허브전문 도매상 등에서 외국산 희귀 야생화로 판매한다. 원산지에서는 품종에 따라 3~6월에 꽃이 피지만 국내에서는 이른 봄인 1~3월에 꽃을 볼 수 있다.

 어떻게 키울까요?

· 높이 15cm
· 햇빛 양지
· 번식 분구

· 꽃 겨울~봄
· 온도 10도 이상
· 수분 보통

· 잎 긴 피침형
· 토양 점토질 토양
· 용도 화분, 암석정원

니포피아 ^{트리토마}

백합과 여러해살이풀 | *Kniphofia spp.*

니포피아

원산지는 열대아프리카와 남아프리카이다. 세계적으로 60~70종이 자라고 다양한 품종이 있다. 꽃 색상은 주황색, 노란색, 크림색 등이다. 속명은 18세기 독일 원예학자인 Johann Hieronymus Kniphof의 이름에서 따왔다.

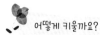 **어떻게 키울까요?**

· **높이** 50~100cm
· **햇빛** 양지~반양지
· **번식** 종자, 포기나누기

· **꽃** 5~9월
· **온도** 월동 가능(강원 제외)
· **수분** 다소 건조하게

· **잎** 긴 줄 모양
· **토양** 일반 토양
· **용도** 화단, 지피식물

튤립

백합과 여러해살이풀 | *Tulipa gesneriana*

튤립

꽃

튤립 군락

지중해 연안과 중앙아시아가 원산지이다. 줄기 하나당 하나의 꽃이 피지만 몇몇 원예종은 여러 개의 꽃도 핀다. 튀르키예에서 한겨울에 꽃이 피는 것을 보고 1559년경 독일에 전해졌고, 그 후 네덜란드에서 폭발적인 인기를 끌었다.

 어떻게 키울까요?

- · 높이 70cm
- · 햇빛 양지~반양지
- · 번식 알뿌리(분구)

- · 꽃 4~5월
- · 온도 월동 가능
- · 수분 보통

- · 잎 넓은 바소꼴
- · 토양 비옥한 토양
- · 용도 화단, 지피식물, 식용(알뿌리)

아이리스 원예종 붓꽃

붓꽃과 여러해살이풀 | iris spp.

자주꽃 품종

보라꽃 품종

아이리스 흰색

우리나라 붓꽃과 같지만 외국에서 들어온 꽃들을 아이리스라고 부른다. 지구 북반구 온대지방에 200여 종이 자란다. 원예종은 크게 영국, 독일, 네덜란드 붓꽃으로 나눌 수 있다. 품종에 따라 개화 시기, 번식 방식, 월동 여부가 조금씩 다르다.

 어떻게 키울까요?

· **높이** 30~50cm
· **햇빛** 양지
· **번식** 포기나누기, 알뿌리

· **꽃** 4~6월
· **온도** 월동 가능
· **수분** 조금 촉촉하게

· **잎** 긴 줄 모양
· **토양** 일반 토양
· **용도** 화단, 절화, 화초분재

글라디올러스

붓꽃과 여러해살이풀 | Gladiolus L.

글라디올러스

노란꽃 품종

분홍색 품종

열대아프리카가 주 원산지이고 지중해, 유럽, 아시아에서도 자생한다. 잎은 1~9 개이고 꽃은 10~20여 개가 수상꽃차례로 달린다. 꽃 색상은 흰색, 분홍, 오렌지, 노랑, 보라, 빨강, 연녹색 등이 있다. 4~5월에 알뿌리를 심거나 파종한다.

 어떻게 키울까요?

- · 높이 80~150cm
- · 햇빛 양지
- · 번식 알뿌리, 종자

- · 꽃 7~10월
- · 온도 3~5도 이상
- · 수분 보통

- · 잎 긴 줄 모양
- · 토양 일반 토양
- · 용도 화분, 울타리, 절화

크로커스·사프란

붓꽃과 여러해살이풀 | *Crocus vernus*

크로커스

보라색 꽃

흰색 꽃

4~5월 봄에 피는 품종은 크로커스, 10~11월 가을에 피는 품종을 사프란이라고 한다. 꽃 모양은 같다. 색상은 흰색, 노란색, 라벤다색, 자주색 등이 있다. 크로커스는 식용할 수 없지만 사프란 꽃의 암술은 육류요리의 향신료로 사용한다.

 어떻게 키울까요?

- · 높이 10~15cm
- · 햇빛 양지
- · 번식 알뿌리

- · 꽃 4~5월, 10~11월
- · 온도 월동 가능, 사프란(남부)
- · 수분 보통

- · 잎 줄 모양
- · 토양 비옥한 사질 토양
- · 용도 화단, 지피식물

애기범부채 크로코스미아
몬트브레치아 붓꽃과 여러해살이풀 | *Crocosmia* × *crocosmiiflora*

꽃

애기범부채

잎

8종의 야생종과 수많은 원예종이 있다. 야생종인 *C. aurea*는 애기범부채와 비슷한 식물로 남아프리카, 말라위, 모잠비크 등에서 자생한다. 주위에서 흔히 보는 애기범부채는 1880년경 *C. aurea*와 *C. pottsii*를 교배한 품종이다.

 어떻게 키울까요?

· 높이 50~100cm
· 햇빛 양지~밝은 그늘
· 번식 포기나누기

· 꽃 7~9월
· 온도 5도 이상
· 수분 약간 촉촉하게

· 잎 긴 줄 모양
· 토양 일반 토양
· 용도 화분, 울타리, 어린이 정원

프리지아

붓꽃과 여러해살이풀 | *Freesia hybrida*

프리지아

깔때기 모양의 꽃

꽃술

남아프리카 원산이다. 속명 Freesia는 독일의 의사인 Theodor Freese의 이름에서 따왔다. 지름 3cm 정도의 깔때기 모양의 꽃이 피고, 향기가 매우 좋다. 꽃병에 꽂아 키우는 것으로도 유명하다. 꽃 색상은 흰색, 노랑, 분홍, 빨강, 파랑이 있다.

 어떻게 키울까요?

· 높이 30~60cm   · 꽃 4~5월   · 잎 줄 모양
· 햇빛 양지~반그늘   · 온도 -5도~0도   · 토양 일반 토양
· 번식 분구, 종자   · 수분 보통   · 용도 화단, 절화

프리지아락사 아노마테카락사 · 애기범부채

붓꽃과 여러해살이풀 | *Freesia Laxa*

프리지아락사

꽃

잎

남아프리카, 모잠비크, 북미 원산으로 관상용으로 심는다. 약 200년 전부터 재배해왔으나 최근에 원예종이 알려지고 있다. 영문명은 'False freesia'(가짜 프리지아)이고, 꽃 색상은 흰색, 분홍색, 주홍색 등이 있다. 잎은 좁고 길다.

 어떻게 키울까요?

· **높이** 20~50cm
· **햇빛** 양지~밝은 그늘
· **번식** 종자, 분구

· **꽃** 5~7월
· **온도** 3~5도 이상
· **수분** 조금 건조하게

· **잎** 줄 모양
· **토양** 유기질 토양
· **용도** 화분, 울타리, 암석정원

수선화

수선화과 여러해살이풀 | *Narcissus spp.*

노란꽃 품종

수선화 흰꽃

꽃

지중해 연안과 아시아에서 자생한다. '물의 신선'이란 뜻에서 수선화라고 부른다. 세계적으로 100여 품종이 있다. 그리스신화에 나오는 나르시스가 연못 속에 비친 자기 얼굴에 반해 물속에 빠져 죽었는데 그곳에서 이 꽃이 피었다고 한다.

 어떻게 키울까요?

· 높이 30~40cm   · 꽃 12~3월   · 잎 넓은 줄 모양
· 햇빛 양지   · 온도 월동 가능   · 토양 비옥한 토양
· 번식 알뿌리   · 수분 보통   · 용도 화단, 울타리, 약용(알뿌리)

깔때기수선화 ^{골든벨수선화}

수선화과 여러해살이풀 | *Narcissus bulbocodium*

수술과 암술

꽃

깔때기수선화

스페인과 프랑스 남부 원산이다. 골든벨이란 이름은 *Golden Bells* 품종에서 따왔다. 식물체의 독성 때문에 알러지를 일으킬 수 있어 장갑을 끼고 접촉한다. 수선화류는 씨앗을 맺지 않으므로 늦가을에 알뿌리를 심고 거실에서 월동시킨다.

 어떻게 키울까요?

· **높이** 15~30cm
· **햇빛** 양지~밝은 그늘
· **번식** 알뿌리

· **꽃** 2~5월
· **온도** 실내 월동
· **수분** 보통

· **잎** 가는 줄 모양
· **토양** 사질 양토
· **용도** 화단, 화초분재

아마릴리스

수선화과 여러해살이풀 | *Hippeastrum hybridum*

치코 품종

아마릴리스

잎

열대 아메리카 원산으로 600여 원예종이 있다. 긴 꽃대에 지름 12~20cm의 큰 꽃이 여러 개씩 달린다. 꽃잎은 보통 6장이지만 품종에 따라 다를 수 있다. 속명 *Hippeastrum*은 중세시대에 기사가 사용한 별 모양의 무기에서 유래하였다.

 어떻게 키울까요?

- · **높이** 100cm
- · **햇빛** 양지
- · **번식** 알뿌리(인편)

- · **꽃** 7~8월
- · **온도** 5도 이상
- · **수분** 보통

- · **잎** 넓은 줄 모양
- · **토양** 일반 토양
- · **용도** 화단, 울타리, 지피식물

키르탄서스 킬탄사스 · 마케니아

수선화과 여러해살이풀 | *Cyrtanthus mackenii*

키르탄서스

전초

알렉산드라 품종

남아프리카 남부와 동부에서 자생하며 60여 유사종이 있다. 속명 *Cyrtanthus*는 '고개를 숙이다'라는 뜻이다. 겨울 재배와 여름 재배 품종이 있고 꽃피는 시기가 다르다. 꽃 색상은 베이지, 노란색, 붉은색 등이 있다. 주황색 품종의 국내 유통명 은 '알렉산드라'이다.

 어떻게 키울까요?

· 높이 20~30cm
· 햇빛 양지
· 번식 포기나누기

· 꽃 11~4월
· 온도 월동 불가
· 수분 보통

· 잎 가는 줄 모양
· 토양 일반 토양
· 용도 화분, 베란다

알스트로에메리아 알스트로메리아 잉카릴리 수선화과 여러해살이풀 | Alstroemeria spp.

알스트로에메리아

깔때기 모양의 꽃

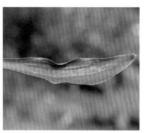

꽃술

남아메리카에서 자생한다. 속명은 칼 린네의 친구인 Claus von Alstroemer 남작의 이름에서 따왔다. 황금색, 분홍색, 흰색 등 꽃 색상과 품종이 매우 많다. 화피는 6개, 안쪽에 화려한 무늬가 있다. 외국에서는 부케와 절화용 꽃으로 인기가 높다.

어떻게 키울까요?

· 높이 60~80cm
· 햇빛 양지~반양지
· 번식 포기나누기

· 꽃 6~8월
· 온도 5도 이상
· 수분 보통

· 잎 넓은 피침형
· 토양 기름진 토양
· 용도 화단, 절화, 부케

흰꽃나도사프란

수선화과 여러해살이풀 | *Zephyranthes candida*

흰꽃나도사프란

꽃

잎

남아메리카 원산이다. 꽃 색상은 흰색이지만 때때로 분홍빛이 돌기도 한다. 화피는 6개, 수술도 6개이다. 원산지에서는 늪 주변에서 자라는 습지식물이므로 토양을 조금 촉촉하게 관리하는 것이 좋다.

 어떻게 키울까요?

· 높이 30cm
· 햇빛 양지~반그늘
· 번식 종자, 포기나누기

· 꽃 7~9월
· 온도 월동 가능(남부)
· 수분 보통

· 잎 둥근 줄 모양
· 토양 부식질 토양
· 용도 화분, 암석정원, 향수재

스노플레이크

수선화과 여러해살이풀 | *Leucojum spp.*

스노플레이크

꽃

꽃술

지중해 연안과 남부 유럽이 원산지이다. 10여 가지 품종에서 다음 2가지 품종이 알려져 있다. *Leucojum vernum* 품종은 봄에 꽃이 피고, *Leucojum aestivum* 품종은 여름에 꽃이 핀다. 원산지에서는 숲 축축한 곳에서 자생한다.

어떻게 키울까요?

· 높이 50cm
· 햇빛 양지~반그늘
· 번식 포기나누기

· 꽃 7~9월
· 온도 월동 가능
· 수분 보통

· 잎 긴 줄 모양
· 토양 유기질 토양
· 용도 화단, 울타리, 지피식물

칼라 ^{카라}

천남성과 여러해살이풀 | *Zantedeschia spp.*

흰꽃 품종

칼라 노란꽃 품종

분홍꽃 품종

남아프리카 원산으로 흰꽃 칼라는 습지형이며 약간 습하게 관리한다. 그외 노
란색이나 분홍색으로 피는 칼라는 건지형으로 약간 건조하게 관리한다. 속명
*Zantedeschia*는 독일 식물학자 커트 스프랭글이 이탈리아 식물학자 조반니 잔테
데스키를 기리기 위해 붙여졌다.

 어떻게 키울까요?

· 높이 50~150cm
· 햇빛 반그늘
· 번식 종자, 포기나누기

· 꽃 6~8월
· 온도 5도 이상(일부 월동 가능)
· 수분 보통

· 잎 화살촉 모양
· 토양 부식질 토양
· 용도 화단, 절화

한련

한련과 덩굴성 한해살이풀 | *Tropaeolum majus*

노란색 꽃

한련

군락

열대 아메리카에서 자생한다. 꽃은 6월에 피지만 온실에서 키우면 사계절 내내 꽃을 볼 수 있다. 잎과 꽃을 식용할 수 있고 이미 식용꽃으로 알려졌다. 꽃 전체를 비빔밥, 샐러드, 샌드위치에 넣어 먹기도 하는데 겨자나 후추 맛이 난다.

어떻게 키울까요?

· 길이 100cm
· 햇빛 양지~밝은 그늘
· 번식 종자, 꺾꽂이

· 꽃 6~10월
· 온도 실내 월동
· 수분 보통

· 잎 둥근 방패 모양
· 토양 일반 토양
· 용도 걸이분, 수경, 식용

제라늄

쥐손이풀과 여러해살이풀 | *Pelargonium spp.*

제라늄

붉은꽃 품종

보라꽃 품종

남아프리카 원산이다. 한련과 마찬가지로 식용꽃으로 유명하지만 꽃의 맛은 좀 떨어진다. 꽃잎을 비빔밥, 샐러드, 샌드위치에 곁들여 먹거나 말린 꽃을 차로 마신다. 꽃은 여름에 피고 실내에서 키우면 주기적으로 볼 수 있다.

 어떻게 키울까요?

· 높이 30~50cm   · 꽃 사계절   · 잎 둥근 모양
· 햇빛 양지~밝은 그늘   · 온도 실내 월동   · 토양 비옥한 토양
· 번식 꺾꽂이(줄기), 종자   · 수분 보통   · 용도 화단, 걸이분, 지피식물, 식용

단풍제라늄 ^{벤쿠버제라늄}

쥐손이풀과 여러해살이풀 | *Pelargonium hortorum*

단풍제라늄

꽃

잎

속명은 *Pelargonium hortorum* 'Vancouver Centennial'이다. 잎이 단풍잎 모양과
닮았다. 잎 색상을 화려하게 즐기려면 양지에서 키우는 것이 좋다. 꽃은 여름에
피고 실내에서 키우면 주기적으로 볼 수 있다.

 어떻게 키울까요?

· **높이** 20cm · **꽃** 사계절 · **잎** 손바닥 모양
· **햇빛** 양지~밝은 그늘 · **온도** 실내 월동 · **토양** 비옥한 토양
· **번식** 종자, 꺾꽂이 · **수분** 보통 · **용도** 화단, 걸이분, 베란다

로즈제라늄 ^{구문초}

쥐손이풀과 여러해살이풀 | *Pelargonium graveolens*

꽃

로즈제라늄

잎

P. graveolens 품종과 *P. capitatum* 품종은 꽃에서 장미향이 난다고 하여 '로즈제라늄'이라고 부른다. 원산지는 남아프리카이다. 제라늄 오일 추출을 위해 재배하는데 국내에서는 비슷한 품종이 모기퇴치용 식물인 '구문초'로도 알려져 있다.

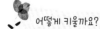 **어떻게 키울까요?**

· **높이** 100cm
· **햇빛** 양지~반그늘
· **번식** 종자, 꺾꽂이

· **꽃** 8~1월
· **온도** 실내 월동
· **수분** 보통

· **잎** 둥근 심장형, 결각
· **토양** 유기질 사질 토양
· **용도** 화단, 향수재, 모기퇴치

애플제라늄

쥐손이풀과 여러해살이풀 | *Pelargonium odoratissimum*

애플제라늄

꽃

잎

남아프리카 원산이다. 꽃과 잎에서 사과향이 난다 하여 '애플제라늄'이라 부른다. 꽃은 4~10개씩 달리고 비슷한 식물 '애플사이다제라늄'이 있다. 잎을 요리의 향신료로 쓰거나 차, 향수재, 비누향을 낼 때 사용한다. 실내에서는 봄에도 꽃이 핀다.

 어떻게 키울까요?

· 높이 50cm	· 꽃 3~8월	· 잎 하트 모양
· 햇빛 양지~반그늘	· 온도 실내 월동	· 토양 일반 토양
· 번식 종자, 꺾꽂이	· 수분 보통	· 용도 화단, 걸이분, 향수재, 식용

페퍼민트제라늄 쥐손이풀과 여러해살이풀 | *Pelargonium tomentosum*

페퍼민트제라늄

꽃

잎

남아프리카 원산이다. 둥근 잎에 솜털이 있으므로 쉽게 구별할 수 있다. 꽃과 잎에서 은은한 박하향이 난다고 하여 '페퍼민트제라늄'이라고 부른다. 잎을 요리의 향신료로 사용하거나 차로 우려 마신다.

 어떻게 키울까요?

- **높이** 100cm
- **햇빛** 양지~반그늘
- **번식** 종자, 꺾꽂이
- **꽃** 3~8월
- **온도** 실내 월동
- **수분** 보통
- **잎** 둥근 손 모양, 솜털
- **토양** 일반 토양
- **용도** 화단, 향수재, 식용(잎)

펠라고니움 ^{페라고늄}

쥐손이풀과 여러해살이풀 | *Pelargonium spp.*

펠라고니움의 꽃

엔젤아이스 랜디 품종

잎

제라늄과 같지만 주로 관상용으로 육성한 품종이다. 신 품종이 많고 잎이 아이비 잎과 비슷하나 무늬잎, 관목형, 미니형, 홑꽃, 겹꽃형 등 다양한 품종이 있다. 앞서 여러 품종의 제라늄과 달리 펠라고니움은 식용하지 않는다.

어떻게 키울까요?

· 높이 50cm
· 햇빛 양지~밝은 그늘
· 번식 꺾꽂이

· 꽃 3~5월(사계절)
· 온도 실내 월동
· 수분 보통

· 잎 하트 모양
· 토양 일반 토양
· 용도 화단, 걸이분

안개꽃

석죽과 여러해살이풀 | *Gypsophilia spp.*

안개꽃 분홍색 품종

흰꽃 품종

잎

동유럽, 중앙유럽 원산으로 높이 60cm 내외로 자란다. 꽃 색상은 흰색과 분홍색이 있고 꽃 지름은 약 1cm로 큰 편이다. 꽃다발이나 부케를 만들 때 꽃과 꽃 사이를 채우는 꽃으로 널리 쓰인다. 말린 꽃은 장식용으로 사용한다.

어떻게 키울까요?

· 높이 40~80cm
· 햇빛 양지
· 번식 종자, 포기나누기

· 꽃 5~8월
· 온도 -10도
· 수분 보통

· 잎 선상 피침형
· 토양 약 알칼리성 토양
· 용도 화단, 절화, 건화

우단동자 ^{플라넨초}

석죽과 여러해살이풀 | *Lychnis coronaria*

우단동자

꽃봉오리

꽃

서유럽, 남유럽, 북아프리카, 중동 원산이다. 꽃 지름은 3cm 정도, 꽃잎 5개, 수술 10개, 암술대 5개이다. 분홍색, 붉은색, 흰색 꽃이 있다. 가을에 씨앗을 손가락으로 눌러 파종한다. 속명 *Lychnis*는 '램프'를 뜻하는 그리스어에서 유래한다.

 어떻게 키울까요?

· 높이 30~70cm	· 꽃 5~7월	· 잎 긴 타원형(흰 솜털)
· 햇빛 양지~반양지	· 온도 월동 가능	· 토양 일반 토양
· 번식 종자, 포기나누기	· 수분 다소 건조하게	· 용도 화단, 울타리, 지피식물

석죽

석죽과 한해/여러해살이풀 | *Dianthus chinensis*

석죽

중국, 한국, 몽골, 러시아가 원산이다. 우리나라의 패랭이꽃과 비슷한 식물로 수많은 원예종이 있다. 꽃 지름은 3cm 정도이고 붉은색, 분홍색, 흰색 꽃 등이 핀다. 서리가 내릴 무렵 씨앗을 파종하면 이듬해 늦봄에 꽃이 핀다.

 어떻게 키울까요?

· **높이** 15~50cm
· **햇빛** 양지~반그늘
· **번식** 종자, 포기나누기

· **꽃** 5~8월
· **온도** 월동 가능
· **수분** 보통

· **잎** 긴 타원형
· **토양** 중성 토양
· **용도** 화단, 절화, 지피식물

카네이션

석죽과 여러해살이풀 | *Dianthus caryophyllus*

카네이션

붉은꽃 품종

분홍꽃 품종

남유럽, 서아시아 원산이다. 약 2천년 전부터 재배해왔다. 원래 꽃의 색상은 분홍색이지만 붉은색, 노란색, 빨간색, 흰색, 보라색 품종 등이 개발되었다. 보라색 카네이션은 불행을 상징하므로 어버이날에는 분홍색 카네이션이 적당하다.

 어떻게 키울까요?

· 높이 40~80cm
· 햇빛 양지
· 번식 꺾꽂이, 종자

· 꽃 7~8월
· 온도 월동 가능
· 수분 보통

· 잎 줄 모양
· 토양 약 알칼리성 토양
· 용도 화단, 걸이분, 절화

가우라

나비바늘꽃 · 홍(백)접초

바늘꽃과 여러해살이풀 | *Gaura lindheimeri*

가우라

분홍꽃 품종

잎

북미 원산으로 Gaura(가우라)는 그리스어로 '가장 뛰어나다'는 의미를 가지고 있다. 꽃이 피면 마치 한 마리 나비가 나는 모습 같다고 해서 나비꽃 혹은 나비바늘꽃이라고도 부른다. 가우라는 번식력이 매우 뛰어나다.

 어떻게 키울까요?

· 높이 100~150cm
· 햇빛 양지
· 번식 종자, 포기나누기

· 꽃 8~10월
· 온도 월동 가능
· 수분 보통

· 잎 긴 피침형
· 토양 유기질 토양
· 용도 화단, 울타리, 지피식물

꽃양배추

십자화과 한해/두해살이풀 | *Brassica oleracea*

꽃

꽃양배추

잎

케일, 브로콜리군 속하는 관상용 케일이다. 유럽 원산으로 일본에 도입된 뒤 관상용으로 개량되었다. 잎 색상은 흰색, 노란색, 분홍색, 붉은색, 보라색 등이 있다. 2~7월에 파종하고, 파종 시기에 따라 늦봄이나 늦가을에 꽃을 볼 수 있다.

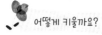 어떻게 키울까요?

· 높이 30~90cm
· 햇빛 양지~반양지
· 번식 종자

· 꽃 6~12월
· 온도 5도 이상
· 수분 보통

· 잎 환엽형, 축엽형
· 토양 점질 토양
· 용도 화단, 지피식물

이베리스 ^{눈의꽃}

십자화과 두해/여러해살이풀 | *Iberis sempervirens*

꽃

이베리스

잎

남유럽과 지중해 원산으로 속명 *Iberis*는 스페인 이베리아반도에서 따온 이름이다. 높이 20~30cm 정도로 자라고 옆으로 90cm까지 뻗는 땅을 기는 성질이 있다. 꽃은 왕관 모양이고 대게 흰색이지만 연한 분홍빛이 돌기도 한다. 잎은 상록성이다.

 어떻게 키울까요?

· 높이 20~30cm
· 햇빛 양지~반음지
· 번식 종자, 꺾꽂이

· 꽃 4~5월
· 온도 3~5도
· 수분 보통

· 잎 피침형
· 토양 중성 토양
· 용도 화단, 암석정원, 지피식물

칼랑코에 ^{키랑코에}

돌나물과 여러해살이풀 | *Kalanchoe spp.*

칼랑코에

노란색 꽃

잎

남미와 열대 및 남아프리카에서 자생하는 다육식물이다. 꽃 색상은 붉은색, 노란색, 분홍색, 보라색, 흰색 등이 있다. 반려동물이 식용하지 않도록 주의한다. 원래는 겨울~봄 사이에 개화하지만 가정에서 키우면 봄, 가을에도 꽃을 볼 수 있다.

 어떻게 키울까요?

· **높이** 30~50cm   · **꽃** 봄, 가을   · **잎** 타원형
· **햇빛** 반양지   · **온도** 10도 이상   · **토양** 일반 토양
· **번식** 종자, 꺾꽂이   · **수분** 다소 건조하게   · **용도** 화단, 공기정화, 약용(잎)

칼란디바 ^{겹꽃 칼랑코에}

돌나물과 여러해살이풀 | *Kalanchoe Calandiva*

분홍꽃

칼란디바

흰꽃

네덜란드에서 개량한 칼랑코에 하이브리드 품종이다. 잎 모양은 칼랑코에와 비슷하나 장미처럼 겹꽃으로 핀다. 꽃 색상은 흰색, 분홍색, 붉은색, 주황색, 보라색, 노란색 등이 있다. 칼랑랑코에와 칼란디바는 여름 직사광선에 약하므로 차광한다.

 어떻게 키울까요?

· **높이** 30~50cm
· **햇빛** 반양지
· **번식** 꺾꽂이

· **꽃** 겨울~봄
· **온도** 10도 이상
· **수분** 다소 건조하게

· **잎** 타원형
· **토양** 유기질 토양
· **용도** 걸이분, 공기정화, 지피식물

칼랑코에 엔젤램프

돌나물과 여러해살이풀 | Kalanchoe uniflora

칼랑코에 엔젤램프

꽃

잎

아프리카 마다가스카르 원산의 '칼랑코에 유니플로라'의 원예종이다. 정식 학명은 Kalanchoe uniflora "Angel's Lmap"이고 "Coral Bells"같은 비슷한 원예종이 많다. 종 모양의 꽃이 아름답고 잎이 작고 품종마다 꽃 모양이 조금씩 다르다.

 어떻게 키울까요?

· 높이 10~30cm
· 햇빛 양지~반그늘
· 번식 꺾꽂이

· 꽃 겨울~봄
· 온도 10도 이상
· 수분 조금 건조하게

· 잎 주걱 모양
· 토양 일반 토양
· 용도 화단, 화분, 걸이분

칼랑코에 테사

돌나물과 여러해살이풀 | *Kalanchoe spp.*

칼랑코에 테사

꽃

잎

Kalanchoe manginii 품종과 *Kalanchoe gracilipes* 품종의 교배종으로 네덜란드의 와게닝겐 농업대학에서 개발되었다. 키우는 방법은 엔젤램프와 비슷하며 추위에는 조금 더 강하다. 가을에 햇볕을 많이 받으면 잎에 붉은 빛이 돈다.

 어떻게 키울까요?

· 높이 60~90cm
· 햇빛 양지~밝은 그늘
· 번식 잎꽂이, 줄기꽂이

· 꽃 겨울~봄
· 온도 5도 이상
· 수분 조금 건조하게

· 잎 주걱 모양
· 토양 약 산성 토양
· 용도 화단, 화분, 걸이분

베고니아 ^{꽃베고니아}

베고니아과 여러해살이풀 | *Begonia semperflorens*

베고니아

흰색 품종

꽃베고니아

열대 아프리카, 열대 아메리카 원산이다. 관화식물로 키우며 꽃과 잎은 작은 편이다. 왜성, 겹꽃, 연중 꽃피는 품종을 '꽃베고니아'라고도 부른다. 베고니아 꽃은 봄에 피지만 꽃베고니아는 사계절 내내 핀다. 꽃을 샐러드 등 요리에 이용한다.

어떻게 키울까요?

- **높이** 15~45cm
- **햇빛** 양지~밝은 그늘
- **번식** 꺾꽂이, 종자

- **꽃** 사계절
- **온도** 10도 이상
- **수분** 다소 적게

- **잎** 다양(둥근, 심장, 손바닥)
- **토양** 일반 토양
- **용도** 화단, 걸이분, 식용

목베고니아 _{마큘라타}

베고니아과 여러해살이풀 | *Begonia maculata*

목베고니아

꽃

목본성 흰베고니아

줄기가 나무처럼 목질화되는 품종이다. 전체적으로 키 작은 나무처럼 자라는 성질이 있다. 꽃에 비해 잎이 크다. 다양한 물방울무늬의 잎이 돋보이는 '자니타 쥬엘', '핑크스팟', '엔젤윙베고니아' '리틀 미스마 에이', '모모마유' 품종 등이 있다.

어떻게 키울까요?

· 높이 60~90cm
· 햇빛 반양지~밝은 그늘
· 번식 꺾꽂이

· 꽃 가을~봄
· 온도 8도 이상
· 수분 보통

· 잎 난형
· 토양 비옥한 토양
· 용도 화단, 화분, 거실, 공기정화

관엽베고니아 잎베고니아 · 렉스베고니아

베고니아과 여러해살이풀 | *Begonia rex*

관엽베고니아

초록무늬 잎

자색무늬 잎

열대 아시아, 열대 아메리카 원산이다. 줄기가 땅을 기는 성질이 있다. 주로 관엽
용으로 키우기 때문에 '관엽베고니아'라고 부른다. 잎 색상을 개량한 원예종이 매
우 많다. 관엽베고니아는 일부를 제외하고 대부분 꽃을 피우지 않는다.

 어떻게 키울까요?

· **높이** 20~30cm
· **햇빛** 반그늘~그늘
· **번식** 잎꽂이, 분주

· **꽃** 없음
· **온도** 섭씨 2도 이상
· **수분** 보통

· **잎** 난형
· **토양** 일반 토양
· **용도** 걸이분, 베란다, 실내

1. 단풍베고니아
2. 타이거베고니아
3. 은베고니아
4. 잎베고니아
5. 달팽이베고니아

칸나 ^{홍초}

홍초과 여러해살이풀 | *Canna spp.*

칸나

칸나 품종

잎

미국 남부, 열대 남미, 열대 아프리카, 열대 아시아 원산이다. 생강군에 해당하는
식물로서 꽃 색상은 붉은색, 보라색, 주황색 등이 있고 원예종에 따라 잎에 무늬
가 있다. 남미에서는 뿌리로 전분을 만들어 먹기도 하는 농작물의 일종이다.

 어떻게 키울까요?

· **높이** 50~200cm
· **햇빛** 양지
· **번식** 알뿌리

· **꽃** 6~10월
· **온도** 10도 이상
· **수분** 다소 촉촉하게

· **잎** 타원형
· **토양** 비옥한 토양
· **용도** 화단, 수변조경, 식용

쿠페아 ^{구페아}

부처꽃과 관목성 여러해살이풀 | *Cuphea hyssopifolia*

쿠페아

꽃

수형

멕시코, 과테말라, 온두라스 원산이다. 속명 *Cuphea*는 그리스어의 '구부러지다'에서 유래한다. 꽃 색상은 분홍색, 라벤더색, 보라색, 흰색 등이 있다. 잎은 상록성이며, 줄기를 꽃병에 꽂아 물꽂이를 해도 번식이 잘 된다.

 어떻게 키울까요?

· **높이** 90cm   · **꽃** 4~10월   · **잎** 긴 타원형
· **햇빛** 양지~반그늘   · **온도** 5도 이상   · **토양** 비옥한 토양
· **번식** 꺾꽂이, 종자   · **수분** 다소 적게   · **용도** 걸이분, 화단, 울타리

169

피멜리아로제아 _{라이스플라워}

팥꽃나무과 상록 소관목 | *Pimelea rosea*

꽃

피멜리아로제아

잎

호주 서남부 원산의 목본성 식물이다. 색상은 흰색, 분홍색, 보라색 등이 있다. 우리나라 제주도에서 자생하는 '피뿌리풀'과 비슷한 식물이다. 원산지에서는 해변가의 모래사장이나 암석지대에서 흔히 자생하며 호주 내륙에서는 볼 수 없다.

 어떻게 키울까요?

- · **높이** 30~90cm
- · **햇빛** 양지~반그늘
- · **번식** 꺾꽂이

- · **꽃** 12~7월
- · **온도** 실내 월동
- · **수분** 보통

- · **잎** 넓은 도피침형
- · **토양** 약 산성 토양
- · **용도** 화분, 암석정원

헤베

질경이과 상록 관목 | *Hebe chathamica*

헤베

꽃

잎

뉴질랜드 원산으로 높이 10~30cm 정도로 자라고 옆으로 1m 정도 퍼진다. 비슷한 품종으로 *Hebe rakaiensis* 등이 있는데 꽃이 더 많이 달리고 높이 1m로 자란다. 야외에서는 늦봄에, 온실에서는 겨울에 꽃이 핀다.

어떻게 키울까요?

· **높이** 10~30cm
· **햇빛** 양지
· **번식** 종자, 꺾꽂이

· **꽃** 겨울~봄
· **온도** 0도 이상
· **수분** 다소 촉촉하게

· **잎** 긴 타원형
· **토양** 일반 토양
· **용도** 화단, 지피식물

노티아

산토끼과 여러해살이풀 | *Knautia macedonia*

노티아

꽃

잎

루마니아, 발칸반도 원산으로서 우리나라의 자줏빛을 띠는 '솔채꽃'과 비슷한 꽃이다. 씨앗은 4~5월에 파종하고 포기나누기는 3~4월에 한다. 비슷한 품종끼리 스스로 교배를 잘한다. 꽃은 벌과 나비를 불러 모은다.

 어떻게 키울까요?

· 높이 50~100cm
· 햇빛 양지
· 번식 종자, 포기나누기

· 꽃 7~10월
· 온도 월동 가능
· 수분 보통

· 잎 피침형
· 토양 약 알칼리성 토양
· 용도 화단, 암석정원, 절화, 건화

다이아몬드꽃 _{다이아몬드프로스트}
대극과 여러해살이풀 | *Euphorbia hypericifolia*

다이아몬드꽃

꽃

전초

대극과 식물인 *Euphorbia hypericifolia*의 하이브리드 품종이며 정식 속명은 *E. hypericifolia* 'Inneuphe'이다. 식물체에서 볼 수 있는 유백색 수액은 독성이 강하므로 함부로 섭취할 수 없다. 군락으로 핀 것을 보면 마치 안개꽃과 비슷하다.

 어떻게 키울까요?

· 높이 30~60cm · 꽃 사계절 · 잎 긴 타원형
· 햇빛 양지~반그늘 · 온도 실내 월동 · 토양 점질 토양
· 번식 꺾꽂이 · 수분 보통 · 용도 걸이분, 지피식물

설악초 ^{유포르비아}

대극과 한해/여러해살이풀 | *Euphorbia marginata*

꽃

설악초

잎

북미 서부지역 원산이다. 긴 타원형의 잎은 처음에는 녹색이었다가 점차 흰색 무늬가 나타난다. 번식은 납작한 열매로 한다. 식물체의 즙은 사람과 반려동물에게 알러지를 유발할 수 있다. 꽃은 벌과 나비를 불러 모은다.

 어떻게 키울까요?

· **높이** 60~90cm
· **햇빛** 양지~반양지
· **번식** 종자

· **꽃** 7~8월
· **온도** 10도 이상
· **수분** 보통

· **잎** 긴 타원형
· **토양** 약 알칼리성 토양
· **용도** 화단, 울타리

스트렙토칼프스 ^{케이프앵초}

대극과 여러해살이풀 | *Streptocarpus saxorum*

스트렙토칼프스

꽃

잎

아프리카 케냐와 탄자니아 원산이다. 실내 환경을 맞추면 연중 돌아가며 꽃을 피운다. 약간의 덩굴 속성이 있으므로 걸이분으로도 적당하다. 성장 속도는 매우 빠른 편이고 번식력도 왕성하다. 시중 유통명은 케이프앵초 혹은 뉴질랜드앵초이다.

 어떻게 키울까요?

· 높이 10~20cm
· 햇빛 반그늘~밝은 그늘
· 번식 종자, 꺾꽂이

· 꽃 사계절
· 온도 실내 월동
· 수분 보통

· 잎 타원형
· 토양 비옥한 점질 토양
· 용도 화단, 걸이분, 지피식물

베네치아 스크렙토칼프스

게스네리아과 여러해살이풀 | *Streptocarpus x hibridus*

베네치아

파란꽃 품종

분홍꽃 품종

시중 유통명은 '베네치아'로 부르지만 스크렙토칼프스의 하이브리드 품종이다. 잎이 배춧잎처럼 크고 주름이 많은 것이 특징이다. 한 꽃대당 2~5개의 꽃이 달린다. 꽃 색상은 품종에 따라 진홍, 분홍, 자주, 파랑, 노랑, 흰색 등이 있다.

어떻게 키울까요?

· **높이** 45cm
· **햇빛** 반그늘~밝은 그늘
· **번식** 잎꽂이

· **꽃** 연중
· **온도** 10도 이상
· **수분** 보통

· **잎** 긴 타원형(배춧잎 모양)
· **토양** 일반 토양
· **용도** 화단, 걸이분, 지피식물

글록시니아

게스네리아과 여러해살이풀 | *Sinningia speciosa*

글록시니아

분홍꽃 품종

보라꽃 품종

브라질, 멕시코 원산으로 영국의 원예업자에 의해 1817년 글록시니아라는 이름이 붙었다. 종 모양의 통꽃은 홑꽃과 겹꽃 품종이 있으며 흰색, 분홍, 라벤더색, 빨강, 보라색 등이 있다. 꽃잎의 가장자리가 물결처럼 번져 마치 우단같은 느낌을 준다.

어떻게 키울까요?

· **높이** 15~30cm
· **햇빛** 그늘~밝은 그늘
· **번식** 종자, 알뿌리

· **꽃** 5~7월
· **온도** 5~10도 이상
· **수분** 보통

· **잎** 난상 원형(둔한 톱니)
· **토양** 유기질 토양
· **용도** 화단, 화분

네마탄
복어꽃 · 네마탄서스

게스네리아과 관목성 여러해살이풀 | *Nematanthus gregarius*

네마탄 꽃

전초

잎

브라질 열대우림 원산의 착생식물이다. 주홍빛 꽃이 금붕어를 닮았다고 하여 '금붕어꽃' 또는 '복어꽃'이라고도 부르며 시중에서는 네마탄서스라고도 한다. 도톰한 잎은 광택이 난다. 주로 걸이분이나 항아리 모양의 화분에 심으면 좋다.

 어떻게 키울까요?

· 높이 40cm
· 햇빛 반양지~밝은 그늘
· 번식 꺾꽂이

· 꽃 늦봄~초가을
· 온도 5~15도 이상
· 수분 보통

· 잎 타원형
· 토양 비옥한 점질 토양
· 용도 화분, 걸이분

트리쵸스 에스키난서스
게스네리아과 관목성 여러해살이풀 | *Aeschynanthus radicans*

트리쵸스 걸이분

꽃

잎

말레이반도, 자바 등 열대아시아 원산이다. 걸이분으로 키울 수 있는 덩굴성 식물이다. 유럽에서는 '에스키난서스'로 부르고, 꽃 모양 탓인지 '립스틱 식물'로도 불린다. 도톰하게 생긴 예쁜 잎은 광택이 나서 관엽식물로도 인기가 높다.

 어떻게 키울까요?

· 높이 150cm
· 햇빛 반그늘~밝은 그늘
· 번식 꺾꽂이

· 꽃 4~8월
· 온도 10도 이상
· 수분 보통

· 잎 타원형
· 토양 비옥한 토양
· 용도 걸이분, 화분

179

리시마키아

앵초과 여러해살이풀 | *Lysimachia nummularia*

전초

리시마키아

잎

유럽 원산으로 연못가에서 잘 자란다. 우리나라의 '좀가지풀'과 비슷한 식물이다.
높이 15cm 내외로 자라며 땅을 기는 성질이 있어 옆으로 1m 이상 퍼진다. 가을에
황금빛으로 물드는 잎이 아름답고 잎에 얼룩무늬가 있는 원예종이 많다.

어떻게 키울까요?

· **높이** 15cm
· **햇빛** 양지~반그늘
· **번식** 종자, 꺾꽂이

· **꽃** 6~7월
· **온도** 10도 이상
· **수분** 조금 촉촉하게

· **잎** 원형
· **토양** 유기질 토양
· **용도** 걸이분, 암석정원, 지피식물

익소라

꼭두서니과 여러해살이풀 | *Ixora coccinea*

익소라

꽃

잎

아시아 열대지방 원산이다. 속명 익소라는 인도의 시바 신에서 유래한다. 꽃 색상은 빨강, 주황색, 오렌지, 핑크, 노란색이 있고 온도만 맞으면 사계절 내내 핀다. 오랫동안 꽃을 볼 수 있고 광택 나는 녹색의 잎도 관엽식물로 매력적이다.

 어떻게 키울까요?

· **높이** 70~90cm
· **햇빛** 양지
· **번식** 종자, 꺾꽂이

· **꽃** 5~10월
· **온도** 10~13도 이상
· **수분** 보통

· **잎** 타원형
· **토양** 비옥한 산성 토양
· **용도** 걸이분, 화분

181

부바르디아 ^{부발디아}

꼭두서니과 낙엽 반관목 | *Bouvardia longiflora*

주황색 품종의 꽃

잎

부바르디아

중남미 원산으로 흰꽃 품종과 분홍색 품종 등 30여 종이 자생한다. 꽃에서 자스민 비슷한 향이 나고 밤에 특히 강렬한 향기가 난다. 꽃은 사계절 내내 간헐적으로 핀다. 수분은 보통으로 공급하거나 조금 건조하게 공급한다.

 어떻게 키울까요?

· 높이 60~90cm
· 햇빛 양지
· 번식 꺾꽂이

· 꽃 사계절
· 온도 5도 이상
· 수분 보통

· 잎 넓은 타원형
· 토양 약한 산성 토양
· 용도 화분, 절화

엑사쿰

용담과 두해살이풀 | *Exacum affine*

엑사쿰

보라꽃 품종

흰꽃 품종

서인도양 연안의 소코트라 섬과 예멘 원산으로서 영어로는 '페르시안 바이올렛'이라고 부른다. 꽃의 지름은 1cm 정도이고 흰색, 보라색, 흰색, 붉은색 꽃이 핀다. 꽃에서는 연한 향기가 난다. 원산지에서는 암석 지대에서 자생한다.

어떻게 키울까요?

· **높이** 20~60cm
· **햇빛** 반그늘
· **번식** 종자, 꺾꽂이

· **꽃** 사계절
· **온도** 5~10도 이상
· **수분** 보통

· **잎** 하트형
· **토양** 비옥한 토양
· **용도** 화단, 암석정원, 지피식물

리시안셔스 유스토마 · 꽃도라지
용담과 한해/여러해살이풀 | *Eustoma grandiflorum*

꽃

잎

리시안셔스

북미 남부, 카리브해, 멕시코 원산으로 화려한 꽃은 플로리스트들에게 인기가 높아 부케나 절화로 각광받는 식물이다. 보라, 빨간, 분홍, 라벤더, 흰색 등의 품종이 있다. 직사각의 줄기에는 3~5개의 줄이 있다. 왜성종은 높이 20cm 정도로 자란다.

 어떻게 키울까요?

· 높이 20~60cm
· 햇빛 양지~반그늘
· 번식 종자

· 꽃 5~9월
· 온도 0도 이상
· 수분 보통

· 잎 타원형
· 토양 부식질 토양
· 용도 화단, 절화, 부케

금관화 ^{아스클레피아스}

박주가리과 상록 관목 | *Asclepias curassavica*

금관화

꽃

열매

아메리카 열대지역, 아프리카 원산이다. 다양한 색상의 꽃은 10~20개씩 모여 달리고 금관 모양으로 핀다. 줄기나 잎에서 나오는 유액은 독성이 있다. 속명 아스클레피아스는 그리스 의술의 신인 '아스클레오피스(Askleopios)' 이름에서 유래한다.

 어떻게 키울까요?

· 높이 100cm
· 햇빛 양지
· 번식 종자, 꺾꽂이

· 꽃 4~9월
· 온도 실내 월동
· 수분 보통

· 잎 피침형
· 토양 비옥한 토양
· 용도 화단, 절화, 약용, 식용

풍접초 ^{클레오메}

풍접초과 한해살이풀 | *Cleome spinosa*

풍접초

꽃

잎

열대 아메리카 원산으로 꽃은 총상꽃차례로 달리고 분홍색 꽃잎은 4개, 수술 4개,
암술은 1개이다. 잎은 마주나고 손바닥 모양의 작은 잎이 5~7개씩 달린다. 번식
은 가을에 서리가 내리기 전 또는 봄에 파종한다. 클레오메는 원래의 이름이다.

 어떻게 키울까요?

· **높이** 100cm
· **햇빛** 양지~반양지
· **번식** 종자

· **꽃** 6~9월
· **온도** 종자로 월동
· **수분** 조금 적게

· **잎** 손바닥 모양
· **토양** 유기질 토양
· **용도** 화단, 울타리, 지피식물

쿠르쿠마 ^{불단화 · 시암 튤립}

생강과 여러해살이풀 | *Curcuma alismatifolia*

쿠르쿠마

꽃

흰색 포엽

태국, 캄보디아 열대지역 원산이며 영명은 '시암 튤립'이다. 태국에서 사찰 제단에
바치는 꽃이라 하여 '불단화'라고도 부른다. 줄기 끝에 꽃처럼 보이는 것은 포엽이
고, 진짜 꽃은 포엽 아래에 위치한 자잘한 꽃이다. 꽃은 관상용, 뿌리는 약용한다.

어떻게 키울까요?

· 높이 40~70cm
· 햇빛 양지~반음지
· 번식 알뿌리
· 꽃 7~8월
· 온도 10도 이상
· 수분 조금 촉촉하게
· 잎 긴 피침형
· 토양 사질 토양
· 용도 화단, 절화, 약용, 식용

레위시아

쇠비름과 여러해살이풀 | *Lewisia cotyledon*

레위시아

꽃

전초

북미 원산이며 로키산맥의 암석지대에서 자생한다. 꽃의 지름은 1~1.5㎝, 꽃잎은 7~13개이다. 품종에 따라 분홍색, 오렌지색, 노란색, 연한 흰색 꽃이 핀다. 한 포기에 많으면 50개의 꽃이 달린다. 여름 직사광선을 매우 싫어한다.

 어떻게 키울까요?

· 높이 10~30cm
· 햇빛 반그늘
· 번식 포기나누기

· 꽃 봄
· 온도 5도 이상
· 수분 보통

· 잎 주걱 모양, 피침형
· 토양 비옥한 토양
· 용도 화단, 암석정원

풀협죽도 ^{플록스}

꽃고비과 여러해살이풀 | *Phlox paniculata*

풀협죽도

꽃

잎

북미 원산인 플록스 속 식물로서 잎과 꽃 모양이 관목식물인 '협죽도'와 비슷하다고 하여 풀협죽도라고 부른다. 꽃 색상은 흰색부터 분홍색까지 다양하다. 수분을 조금 촉촉하게 관리하고 곰팡이가 잘 끼므로 통풍이 잘 되는 장소에서 키운다.

 어떻게 키울까요?

· **높이** 100cm
· **햇빛** 양지~반그늘
· **번식** 꺾꽂이, 포기나누기

· **꽃** 5~8월
· **온도** 월동 가능(남부)
· **수분** 보통

· **잎** 긴 타원형
· **토양** 중성 점질 토양
· **용도** 화단, 지피식물, 약용(잎)

네모필라

히드로필라과 한해살이풀 | *Nemophila menziesii*

네모필라

북미 원산으로 캘리포니아에서는 해변에서부터 높이 1,600m 고산 초원지대에서도 자생한다. 앙증맞게 생긴 꽃은 파란색 또는 흰색이다. 봄과 가을에 종자를 뿌리면 20~22도 온도에서 12일 뒤에 발아한다. 영문명은 'Baby Blue Eyes'이다.

 어떻게 키울까요?

· 높이 10~25cm
· 햇빛 양지~반그늘
· 번식 종자

· 꽃 겨울, 봄
· 온도 실내 월동
· 수분 보통

· 잎 깃꼴 (깊은 톱니)
· 토양 비옥한 토양
· 용도 화단, 걸이분, 지피식물

켈로네

현삼과 여러해살이 | *Chelone Obliqua*

켈로네

줄기 상단부

꽃

북미 원산으로 꽃 모양이 거북의 머리를 닮았다고 하여 '거북머리꽃'이라고도 한다. 꽃 색상은 분홍, 보라, 흰색이 있다. 습한 환경을 좋아하므로 연못가의 반그늘이나 그늘에 식재하는 것이 좋다. 번식은 봄에 포기나누기로 한다.

어떻게 키울까요?

· 높이 60~90cm
· 햇빛 양지~그늘
· 번식 종자, 포기나누기

· 꽃 7~10월
· 온도 월동 가능
· 수분 보통

· 잎 긴 타원형
· 토양 일반 토양
· 용도 화단, 울타리, 절화

개양귀비 ^{꽃양귀비}

양귀비과 두해살이풀 | *Papaver rhoeas*

개양귀비

꽃

캘리포니아 포피

아편의 원료인 양귀비꽃을 대신해 원예종으로 키우는 꽃이 개양귀비이다. 유럽 원산으로 개양귀비는 양귀비꽃과 거의 비슷하지만 전초에 잔털이 있어 쉽게 구별할 수 있다. 캘리포니아 포피는 캘리포니아 원산의 원예종 양귀비꽃이다.

어떻게 키울까요?

· **높이** 30~80cm
· **햇빛** 양지
· **번식** 종자, 포기나누기

· **꽃** 5~7월
· **온도** 월동 가능
· **수분** 보통

· **잎** 깃꼴로 갈라진 잎
· **토양** 사질 양토
· **용도** 화단, 지피식물, 약용(잎)

라이스플라워 ^{쌀꽃}

국화과 관목 | *Ozothamnus diosmifolius*

꽃

잎

라이스플라워

호주 동부지역 원산으로 호주에서는 알약(Pill) 꽃이라고도 부른다. 꽃 색상은 흰색과 분홍색이 있고 줄기 끝에 20~100송이의 쌀알 같은 꽃이 달린다. 분홍색 꽃은 직사광선에서 쉽게 바래진다. 부케 등에서 빈 공간을 채우는 필러용으로 사용한다.

 어떻게 키울까요?

· 높이 150cm
· 햇빛 반양지
· 번식 종자, 꺾꽂이

· 꽃 5~8월
· 온도 0도 이상
· 수분 보통

· 잎 바늘 모양
· 토양 산성 토양
· 용도 화단, 울타리, 절화, 부케

란타나 ^{칠변화(七變花)}

란타나 칠변화(七變花)

마편초과 활엽 소관목 | *Viburnum lantana*

란타나

꽃

잎

북서 아프리카, 남서부 아시아 원산이다. 우리나라 가막살나무와 비슷하다. 전체에 독성이 있어 식용할 수 없다. 주로 꽃을 보기 위한 관상용으로 심는다. 꽃 색상은 품종에 따라 다양하며 시간에 따라 꽃색이 변해서 '칠변화(七變花)'라고도 한다.

 어떻게 키울까요?

· 높이 2~5m
· 햇빛 양지~반그늘
· 번식 종자, 분주

· 꽃 여름
· 온도 월동 가능(남부)
· 수분 보통

· 잎 달걀 모양
· 토양 알칼리성 토양
· 용도 화분, 베란다, 울타리

듀란타 ^{발렌타인자스민}

마편초과 상록성 덩굴식물 | *Duranta erecta*

꽃

잎

듀란타

카리브해, 남미 원산이다. 잎과 열매에 독성이 있으므로 사람이나 반려동물이 먹지 않도록 주의한다. 꽃에서 초콜릿 또는 바닐라향 같은 좋은 향이 나므로 관상용으로 심는다. 시중에는 흔히 '발렌타인자스민'이라는 이름으로 유통되고 있다.

 어떻게 키울까요?

- 높이 6m
- 햇빛 양지~반그늘
- 번식 종자, 꺾꽂이

- 꽃 연중
- 온도 5도 이상
- 수분 보통

- 잎 난형~타원형
- 토양 일반 토양
- 용도 화분, 베란다, 울타리

에리카

진달래과 상록 소관목 | *Erica carnea*

에리카

흰색 품종

분홍색 품종

지중해와 아프리카 원산으로 꽃의 크기는 4~8mm 정도이고 실린더 모양이다. 100여 가지의 원예종은 꽃피는 시기가 조금씩 다르다. 원산지에서는 눈 속에서 개화할 정도로 추위에 강하다. 수분을 좋아하므로 물을 자주 공급한다.

어떻게 키울까요?

· **높이** 15~30cm
· **햇빛** 양지
· **번식** 종자, 꺾꽂이

· **꽃** 3~5월
· **온도** 월동 가능
· **수분** 보통

· **잎** 바늘 모양
· **토양** 산성 토양, 석회암지대
· **용도** 화단, 암석정원

윈터화이어

진달래과 상록 소관목 | *Erica oatesii*

꽃

윈터파이어

잎

남아프리카 원산으로 호주에서 개량하였다. 에리카 속 식물 중 '윈터 화이어' 품종의 정식 속명은 *Erica oatesii* '*Winter Fire*'이다. 이름처럼 마치 겨울에 불타듯이 붉은색 통꽃이 무리지어 피고 푸른 바늘 모양의 잎과도 매우 잘 어울린다.

 어떻게 키울까요?

· 높이 60~120cm
· 햇빛 양지~반그늘
· 번식 꺾꽂이, 포기나누기

· 꽃 4~6월
· 온도 -5도~0도
· 수분 보통

· 잎 바늘 모양
· 토양 산성 토양, 석회암지대
· 용도 화단, 울타리

학자스민

물푸레나무과 덩굴성 관목 | *Jasminum polyanthum*

학자스민

군락

잎

중국 남서부 지역 원산이다. 꽃잎은 5개로 갈라지고 흰색, 분홍색 꽃이 핀다. 잎은 깃꼴겹잎이며 5~7개의 작은 잎으로 구성되어 있고 끝 부분 잎이 가장 크다. 음지에서는 꽃이 피지 않고, 꽃에서 강한 향기가 난다.

 어떻게 키울까요?

· 높이 2~6m
· 햇빛 양지~반음지
· 번식 종자, 꺾꽂이

· 꽃 2~8월
· 온도 2도 이상
· 수분 보통

· 잎 깃꼴 겹잎
· 토양 비옥한 토양
· 용도 화분, 울타리, 베란다, 향수

차이니즈자스민

윈터자스민
물푸레나무과 덩굴성 관목 | *Jasminum multiflorum*

꽃

절화

윈터파이어

인도 원산이며 인도에서는 겨울에 꽃이 핀다고 하여 '윈터자스민'이라고도 한다.
다른 자스민 꽃에 비해 향기는 은은한 편이다. 인도 신화에서는 순결을 상징하기
때문에 인도의 마니푸르에서는 각종 예배와 결혼식에서 이 꽃을 사용한다.

 어떻게 키울까요?

· 높이 1.5~3m
· 햇빛 양지~반그늘
· 번식 꺾꽂이, 휘묻이

· 꽃 사계절 돌아가며
· 온도 실내 월동
· 수분 보통

· 잎 타원형
· 토양 비옥한 토양
· 용도 화단, 울타리, 절화, 향수

히비스커스

아욱과 낙엽 소관목 | *Hibiscus spp.*

히비스커스

꽃

잎

아욱과 무궁화 속 식물들을 보통 히비스커스라고 부른다. 열대 아시아, 열대 아프리카, 중앙아메리카 원산이며 수천 개의 원예종이 있다. 꽃 지름은 10~25cm이고 흰색, 붉은색, 노란색, 보라색 등의 품종이 있다. 어떤 품종은 꽃을 식용할 수 있다.

 어떻게 키울까요?

- **높이** 2~5m
- **햇빛** 양지
- **번식** 종자, 꺾꽂이

- **꽃** 6~10월
- **온도** 5~10도 이상
- **수분** 약간 건조하게

- **잎** 달걀형, 갈라진 잎
- **토양** 일반 토양
- **용도** 화단, 약용, 식용(꽃, 뿌리)

하와이무궁화

아욱과 상록 소관목 | *Hibiscus rosa-sinensis*

하와이무궁화

붉은색 품종

주황색 품종

중국, 동남아 원산의 소관목이다. 히비스커스 품종 중에서 꽃을 식용할 수 있는 품종이다. 종명 *rosa*는 '중국장미'라는 뜻에서 이름이 붙었고, 이 꽃은 말레이시아의 국화이기도 하다. 꽃은 식용이 가능하고, 인도에서는 종교행사에 사용한다.

어떻게 키울까요?

· 높이 2~5m
· 햇빛 양지~반그늘
· 번식 종자, 꺾꽂이

· 꽃 사계절 돌아가며
· 온도 10~13도 이상
· 수분 보통

· 잎 타원형
· 토양 일반 토양
· 용도 화단, 울타리, 식용(꽃)

브라질아부틸론

아욱과 상록 소관목 | *Abutilon megapotamicum*

꽃

잎

브라질아부틸론

브라질 등 남미 원산이다. 꽃받침은 붉은색, 꽃잎은 5장에 노란색이고 길이는 4cm 정도이다. 꽃은 마치 줄에 매단 청사초롱을 닮았다. 원산지에서는 6~9월에 꽃이 피고 꽃은 식용도 가능하다. 번식은 봄에 종자로 하거나 여름에 꺾꽂이로 한다.

 어떻게 키울까요?

· 높이 30~25cm
· 햇빛 양지~밝은그늘
· 번식 종자, 꺾꽂이

· 꽃 6~9월
· 온도 3~10도 이상
· 수분 보통

· 잎 3~5개의 결각
· 토양 비옥한 토양
· 용도 화단, 울타리, 식용(꽃)

레드시크릿 ^{파보니아}

아욱과 상록 소관목 | *pavonia multiflora*

꽃

시크릿

잎

브라질 열대우림 원산이며 '파보니아'라고도 부른다. 붉은 양초처럼 생긴 꽃은 원추 모양이며 붉은색 포에 감싸 안듯이 핀다. 주기적으로 비료를 공급하면 연중 꽃을 볼 수 있다. 봄이면 화원에서 흔히 볼 수 있다.

 어떻게 키울까요?

- · 높이 60~90cm
- · 햇빛 반양지
- · 번식 종자, 꺾꽂이

- · 꽃 사계절
- · 온도 10도 이상
- · 수분 다소 건조하게

- · 잎 피침형
- · 토양 부엽질 사양토
- · 용도 화분, 베란다

아부틸론

아욱과 상록 관목 | Abutilon Spp.

꽃

아부틸론

흰색 품종

남미 열대, 아열대 지방에 분포하며 수십 종의 유사종과 교배종이 있다. 잎은 타원형 또는 3~7개로 갈라진 단풍잎 모양이다. 꽃 지름은 2~4㎝, 품종에 따라 분홍색, 주황색, 빨간색, 노란색, 흰색꽃이 핀다. 브라질아부틸론과는 사뭇 다른 모습이다.

 어떻게 키울까요?

· 높이 1~10m
· 햇빛 양지~반그늘
· 번식 종자, 꺾꽂이

· 꽃 여름
· 온도 실내 월동
· 수분 다소 건조하게

· 잎 타원형, 단풍잎 모양
· 토양 사질 점질 토양
· 용도 화분, 식용(꽃)

204

왁스플라워

도금양과 소관목 | *Chamelaucium uncinatum*

꽃

꽃밥

왁스플라워

호주 서부지역 원산이다. 심기보다는 꽃병용 절화로 유명하다. 꽃병에서 키울 경우 일주일 정도 꽃이 유지된다. 꽃 색상은 흰색, 분홍색, 빨간색, 보라색이 있다. 원산지에서는 주로 숲 가장자리나 늪가, 평야, 모래밭 등에서 자생한다.

 어떻게 키울까요?

· **높이** 05~4m
· **햇빛** 양지~반그늘
· **번식** 종자, 꺾꽂이

· **꽃** 1~5월
· **온도** 실내 월동
· **수분** 건조하게

· **잎** 바늘 모양
· **토양** 사질 양토
· **용도** 화단, 절화, 부케

호주매화 마누카 · 뉴질랜드차나무

도금양과 상록 소관목 | *Leptospermum scoparium*

호주매화

꽃

잎

호주 동부지역과 뉴질랜드에서 자생한다. 영국의 탐험가 제임스 쿡 선장이 이 나무의 잎으로 차를 마셨다고 하여 '호주차나무' 또는 '뉴질랜드차나무'라고도 한다. 목재는 각종 훈제요리를 할 때 사용한다. 마누카는 이 지역의 상록 관목을 말한다.

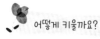
어떻게 키울까요?

· 높이 2~5m
· 햇빛 양지~반그늘
· 번식 종자, 꺾꽂이

· 꽃 1~4월
· 온도 0도 이상
· 수분 다소 촉촉하게

· 잎 바늘 모양
· 토양 산성 양토
· 용도 화단, 약용(잎, 수피), 양봉

수련목

피나무과 낙엽 소관목 | *Grewia occidentalis*

수련목

꽃

꽃봉오리

남아프리카, 모잠비크, 짐바브웨 원산이다. 원산지에서는 건조한 해안사구, 숲, 초
원에서 자생하며 10~1월에 꽃이 핀다. 꽃 색상은 분홍색이지만 때때로 노란색 꽃
도 볼 수 있다. 봄에 종자를 파종하면 보통 3~4주 뒤에 발아한다.

 어떻게 키울까요?

· 높이 3m
· 햇빛 양지~반그늘
· 번식 종자, 꺾꽂이

· 꽃 5~8월
· 온도 5~10도 이상
· 수분 보통

· 잎 타원형
· 토양 일반 토양
· 용도 화분, 약용(뿌리), 식용(열매)

클레로덴드롱 ^{덴드롱}

마편초과 덩굴식물 | *Clerodendrum thomsoniae*

클레로덴드롱

꽃

잎

카메룬, 세네갈 등의 아프리카 서부지역 원산이다. 꽃 지름은 2.5cm 정도이고 꽃받침은 흰색, 꽃잎은 빨간색, 꽃잎은 5장이다. 반차광된 발코니에서 아치 형태로 키울 경우 번식력이 왕성하다. 유통명은 흔히 '덴드롱'으로 부른다.

 어떻게 키울까요?

· **높이** 2~5m
· **햇빛** 밝은 그늘
· **번식** 종자, 꺾꽂이

· **꽃** 봄, 가을
· **온도** 7도 이상
· **수분** 보통

· **잎** 타원형
· **토양** 사질 양토
· **용도** 화분, 발코니, 아치, 걸이분

부겐빌레아

분꽃과 덩굴식물 | *Bougainvillea glabra*

부겐빌레아

붉은색 포엽과 잎

흰색 포엽

남미 원산으로 프랑스 식물학자 코마슨에 의해 발견되었고 꽃 이름은 그의 친구 루이스 데 부겐빌에서 유래한다. 꽃처럼 보이는 것은 포엽이고 3개의 포엽 안에 작은 흰색 꽃이 핀다. 포엽 색상은 다양하고 약 300여 하이브리드 종이 분포한다.

 어떻게 키울까요?

· 높이 4~5m
· 햇빛 양지~밝은 그늘
· 번식 꺾꽂이, 물꽂이

· 꽃 4~11월
· 온도 5도 이상
· 수분 약간 건조하게

· 잎 달걀 모양
· 토양 비옥한 토양
· 용도 화분, 아치, 분재

펜타스

꼭두서니과 여러해살이풀 | *Pentas lanceolata*

붉은색 품종

펜타스

잎

아프리카 동부와 아라비아반도의 예멘 원산이다. 꽃 색상은 분홍, 빨강, 흰색, 라벤더색이 있다. 야생에서 자라는 품종은 1.3m까지 자라지만 왜성종은 30cm 내외로 자란다. 반관목 속성이 있고, 잎은 상록성이다. 번식은 봄에 꺾꽂이로 한다.

 어떻게 키울까요?

· **높이** 30~130cm
· **햇빛** 밝은 그늘
· **번식** 종자, 꺾꽂이

· **꽃** 8~10월
· **온도** 10도 이상
· **수분** 보통

· **잎** 달걀 모양
· **토양** 유기질 토양
· **용도** 화분, 울타리, 절화, 약용

천사의나팔꽃 엔젤트럼펫

가지과 상록 소관목 | *Brugmansia arborea*

천사의나팔꽃

꽃

잎

브라질, 볼리비아, 칠레, 페루, 콜롬비아 원산이다. 꽃 색상은 노란색, 분홍색, 주황색, 흰색이 있다. 잎 길이는 10~30cm이고, 꽃의 길이는 20~30cm, 너비는 15~35cm이다. 전초에 독성이 있으므로 반려동물이 함부로 섭취하지 않도록 주의한다.

 어떻게 키울까요?

· 높이 2~5m
· 햇빛 양지~밝은 그늘
· 번식 꺾꽂이, 종자

· 꽃 7~10월
· 온도 5도 이상
· 수분 보통

· 잎 타원형
· 토양 비옥한 토양
· 용도 화분, 울타리

포인세티아

대극과 상록 소관목 | *Euphorbia pulcherrima*

꽃

노란색 포엽

포인세티아

멕시코, 과테말라 열대지역 원산이다. 꽃처럼 보이는 포엽은 붉은색이지만 세계적으로 100여 품종이 있어 포엽 색상이 흰색, 노란색, 분홍색, 무늬 색 등으로 다양하다. 크리스마스 장식용 꽃으로 유명하다. 수액에는 약간의 독성이 있다.

 어떻게 키울까요?

· 높이 0.6~4m
· 햇빛 양지~반그늘
· 번식 꺾꽂이

· 꽃 7~10월
· 온도 10도 이상
· 수분 보통

· 잎 긴 타원형
· 토양 일반 토양
· 용도 화분, 장식

1. 분홍색 포엽
2. 흰색 포엽

새우풀 _{황금새우풀 · 노랑새우풀}

쥐꼬리망초과 여러해살이풀 | *Pachystachys lutea*

새우풀

꽃

잎

페루 원산이며 '새우꽃'이라고도 한다. 원산지에서는 관목처럼 자란다. 잎은 길이 15㎝ 정도이고 상록성이다. 꽃은 노란색 포엽과 흰색 꽃으로 이루어져 있다. 개화한 뒤 죽은 꽃은 바로 잘라낸다. 온도를 잘 맞추면 1년 내내 꽃을 피운다.

어떻게 키울까요?

· 높이 90~120cm
· 햇빛 밝은 그늘
· 번식 종자, 꺾꽂이

· 꽃 5~10월
· 온도 5도 이상
· 수분 보통

· 잎 긴 타원형
· 토양 유기질 토양
· 용도 화단, 베란다, 약용

빨간새우풀 새우풀 · 붉은루치아나

쥐꼬리망초과 여러해살이풀 | *Justicia brandegeana*

빨간새우풀

포와 꽃

잎

멕시코 원산이다. 포엽 색상은 품종에 따라 노란색, 라임색, 빨간색 등이 있다. 잎은 상록성, 긴 타원형이고 길이 5~8㎝ 정도이다. 온도를 잘 맞추면 1년 내내 반복해서 꽃이 핀다. 양지에서도 성장이 양호한 편이지만 꽃이 오래 피지는 않는다.

 어떻게 키울까요?

· 높이 1~1.5m
· 햇빛 양지~반그늘
· 번식 꺾꽂이, 휘묻이

· 꽃 5~10월
· 온도 7도 이상
· 수분 보통

· 잎 달걀 모양
· 토양 비옥한 토양
· 용도 화분, 베란다

호접란

난과 여러해살이풀 | *Phalaenopsis spp.*

호접란

분홍색 품종

흰색 품종

동남아시아, 히말라야산맥, 호주, 대만 원산으로 수많은 교배종이 있다. 긴 꽃대 품
종과 짧은 꽃대 품종이 있다. 꽃 모양이 나비를 닮아서 해서 호접란이라고 부른다.
온도는 24~30℃를 권장한다. 성장이 양호하면 잎이 4개 정도 달린다.

 어떻게 키울까요?

· 높이 30~70cm
· 햇빛 밝은 그늘
· 번식 새끼포기번식

· 꽃 연중
· 온도 10~15도 이상
· 수분 보통

· 잎 긴 타원형
· 토양 수태, 바크
· 용도 화분, 절화, 공기정화

온시디움

난과 여러해살이풀 | *Oncidium flexuosum*

온시디움

노란색 품종

잎

아르헨티나, 브라질, 우루과이, 파라과이 원산이다. 꽃대가 여러 개로 갈라지고 꼬불꼬불한 꽃이 핀다. 호접란처럼 착생난이므로 수태(이끼)나 바크(나무껍질)에서 키운다. 기본종은 꽃 색상이 노란색이지만 분홍색 품종도 있다.

 어떻게 키울까요?

· 높이 60~90m
· 햇빛 반그늘
· 번식 포기나누기

· 꽃 7~9월
· 온도 5~10도 이상
· 수분 보통

· 잎 줄 모양, 긴 타원형
· 토양 수태, 바크
· 용도 화분, 절화

심비디움 ^{건란}

난과 여러해살이풀 | *Cymbidium spp.*

자갈색 품종

심비디움

분홍색 품종

아열대 아시아 지역과 중국, 일본 원산이다. 기본적으로 긴 줄 모양의 잎이 달린다. '건란'이라고도 부른다. 꽃 색상은 흰색, 노랑, 황금, 분홍, 빨강, 갈색, 녹색 등이 있다. 꽃이 피면 3~4개월 동안 핀다. 착생란이 아니므로 일반 토양에서 키운다.

 어떻게 키울까요?

· 높이 30~90cm
· 햇빛 밝은 그늘
· 번식 포기나누기

· 꽃 봄
· 온도 5~10도 이상
· 수분 보통

· 잎 줄 모양
· 토양 일반 토양
· 용도 화분, 공기정화

마스데발리아

난과 여러해살이풀 | *Masdevallia veitchiana*

노란색 품종

잎

마스데발리아

중남미 고산지대에서 자생하는 착생난이다. 1867년 페루 안데스산맥에서 식물학자에 의해 발견되어 유럽으로 퍼져나갔다. 한때 잉카 왕실에서 키운 식물이라 하여 페루의 보물로 인정받기도 하였다. 꽃 색상은 진홍색, 노란색, 흰색 등이 있다.

 어떻게 키울까요?

- · **높이** 30cm
- · **햇빛** 반양지
- · **번식** 종자, 포기나누기

- · **꽃** 봄~여름
- · **온도** 5~10도 이상
- · **수분** 보통

- · **잎** 긴 타원형
- · **토양** 수태, 바크
- · **용도** 화분, 걸이분

반다

난과 여러해살이풀 | *Vanda spp*

반다

인도, 히말라야, 인도네시아, 필리핀, 뉴기니, 중국, 호주에서 자생하는 착생난으로
세계적인 멸종위기식물이다. 꽃 모양은 호접란과 비슷하므로 V자로 붙어있는 잎
으로 구별한다. 품종에 따라 붉은색, 분홍색, 자주색, 파란색, 노란색 꽃이 핀다.

 어떻게 키울까요?

· **높이** 60~90cm
· **햇빛** 양지~반그늘
· **번식** 종자, 조직배양

· **꽃** 연중
· **온도** 10~15도 이상
· **수분** 보통

· **잎** 넓은 줄 모양
· **토양** 수태, 바크
· **용도** 화분, 걸이분, 약용

카틀레야

난과 여러해살이풀 | *Cattleya* spp.

카틀레야

열대 중남미 원산의 착생난이다. 난과 식물 중 꽃 크기가 비교적 큰 5~15cm에 달한다. 품종에 따라 꽃 색상이 매우 많고 개화 시기도 다르다. 낮 기온 24~30℃에서 잘 자란다. 대형 꽃이 피는 카틀레야는 지주대가 필요하다.

어떻게 키울까요?

- 높이 15~50cm
- 햇빛 밝은 그늘
- 번식 포기나누기, 종자
- 꽃 연중
- 온도 8~15도 이상
- 수분 보통
- 잎 긴 타원형
- 토양 수태, 바크
- 용도 화분,베란다, 걸이분

자란

난과 여러해살이풀 | *Bletilla striata*

자란

꽃

잎

한국, 중국, 대만, 일본, 베트남 등의 온대지방에서 자생한다. 꽃 색상은 분홍색, 보라색, 흰색이 있고 5~6개씩 달린다. 우리나라 전라남도의 경우 월동이 가능하다. 난초류 중에서 비교적 키우기 쉬운 식물이다.

 어떻게 키울까요?

- 높이 50cm
- 햇빛 반양지~밝은 그늘
- 번식 포기나누기
- 꽃 5~6월
- 온도 5~9도 이상
- 수분 보통
- 잎 넓은 줄 모양
- 토양 유기질 토양
- 용도 화분, 암석정원, 절화, 약용

접란 ^{클로로피텀 · 나비란}

백합과 여러해살이풀 | *Chlorophytum comosum*

접란

꽃

잎

열대 아프리카 원산으로 이파리가 마치 난을 닮아 접란이라고 부른다. 잎 길이는 10~30cm이고 거미줄처럼 줄기가 뻗어 흰색 꽃은 나비가 앉은 것처럼 달린다. 화피 갈래조각은 6개, 수술 6개, 암술 1개이다. 잎 중앙에는 흰 줄무늬가 나 있다.

 어떻게 키울까요?

· 높이 20~60cm
· 햇빛 반그늘~그늘
· 번식 꺾꽂이, 포기나누기

· 꽃 연중
· 온도 5도 이상
· 수분 보통

· 잎 넓은 줄 모양
· 토양 부식질 토양
· 용도 화분, 베란다, 공기정화

군자란

수선화과 여러해살이풀 | *Cliva miniata*

군자란

꽃

잎

남아프리카 원산으로 꽃은 10~20송이가 달리고 주황색과 노란색이 있다. 알뿌리는 독성이 있지만 약용하기도 한다. 영어로는 클라이브(Clive)라고 하며 영국에서 군자란을 최초로 재배한 공작부인의 이름에서 유래한다.

 어떻게 키울까요?

· 높이 50cm
· 햇빛 반그늘~그늘
· 번식 종자, 포기나누기

· 꽃 1~3월
· 온도 2~5도 이상
· 수분 보통

· 잎 넓은 줄 모양
· 토양 부식질 토양
· 용도 화분, 베란다, 공기정화

문주란·기가스문주란

수선화과 여러해살이풀 | *Crinum asiaticum*

꽃

문주란

가가스문주란

문주란은 우리나라 제주도, 중국, 인도, 일본 등에서 자생한다. 일본 원산의 기가스
문주란(C. gigas)은 국내 자생종보다 구하기 쉬워 원예종으로 흔히 키운다. 자생종
문주란은 3~5도, 원예용 문주란은 10도 이상에서 월동한다.

 어떻게 키울까요?

· 높이 1m
· 햇빛 반양지
· 번식 종자, 포기나누기

· 꽃 여름
· 온도 3~5도
· 수분 다소 건조하게

· 잎 긴 칼 모양
· 토양 일반 토양
· 용도 화분, 공기정화

225

설란

수선화과 여러해살이풀 | *Rhodohypoxis baurii*

설란

꽃

잎

남아프리카 원산의 구근식물로 설란이란 이름이 붙었지만 수선화과 식물이다. 원산지에서는 고산지대의 습한 암석지대에서 자생한다. 별 모양의 꽃은 흰색과 분홍색이 있고 겹꽃 품종도 있다. 잎은 길이 12cm 정도이고 털이 나 있다.

 어떻게 키울까요?

· **높이** 10~20cm
· **햇빛** 반양지
· **번식** 포기나누기

· **꽃** 3~6월
· **온도** 월동 가능(남부)
· **수분** 약간 촉촉하게

· **잎** 줄 모양
· **토양** 유기질 토양
· **용도** 화분, 암석정원, 걸이분

박쥐란

고란초과 양치식물 | *Platycerium bifurcatum*

박쥐란

호주 동부지역 원산의 박쥐란은 나무에 기생하며 포자로 번식하는 착생식물이다.
잎은 영양엽과 생식엽이 같이 있는데 생식엽은 사슴 뿔 모양이고 녹색이다. 번식
은 사슴뿔처럼 생긴 생식엽 여러 개를 새끼 포기처럼 잘라낸 뒤 수태에 붙여준다.

 어떻게 키울까요?

· 높이 20~50cm
· 햇빛 반그늘~그늘
· 번식 포기나누기, 포자

· 꽃 없음
· 온도 0~10도 이상
· 수분 충분하게

· 잎 갈라진 모양
· 토양 수태, 부식토
· 용도 화분, 걸이분, 화초분재

관엽식물
&덩굴식물

Foliage Plant
&Vine

용왕꽃 킹프로테아

프로테아과 상록 여러해살이풀 | *Protea cynaroides*

용왕꽃

남아프리카 원산으로 80여 품종이 남아프리카, 호주 등 남반부에서 자라며 남아프리카공화국의 국화이기도 하다. 색상은 다양하고 꽃 크기는 12~30cm 내외, 줄기는 붉고 단단하다. 학명 *Protea*는 그리스 신화의 해신(海神, 프로테우스)에서 따왔다.

어떻게 키울까요?

· 높이 1~2m
· 햇빛 양지~반그늘
· 번식 종자, 꺾꽂이

· 꽃 가을~봄
· 온도 5도 이상
· 수분 적게

· 잎 타원형
· 토양 중성~산성 토양
· 용도 화분, 절화

콜레우스

꿀풀과 여러해살이풀 | *Solenostemon scutellarioides*

무늬잎 품종

콜레우스

붉은잎 품종

열대 아시아, 열대 아프리카, 호주, 동인도 원산의 많은 품종이 있다. 잎 색상은 녹색, 분홍색, 황색, 자주색, 적갈색, 붉은색, 무늬 종 등이 있다. 식물체에 약간의 환각 성분이 있다. 야생에서는 여름에, 온실에서는 봄에 꽃이 핀다.

어떻게 키울까요?

· 높이 40~80cm
· 햇빛 양지
· 번식 종자, 꺾꽂이

· 꽃 7~8월
· 온도 월동 가능
· 수분 보통

· 잎 줄 모양
· 토양 약 알칼리성 토양
· 용도 화단, 걸이분, 절화

페페로미아^{페페}

후추과 여러해살이풀 | Peperomia spp

카페라타 품종

청페페 품종

줄리이 품종

브라질, 베네수엘라, 서인도제도, 아프리카 원산이지만 대부분의 품종이 중남미에
서 왔다. 잎은 타원형이고 다육질이다. 품종에 따라 잎 모양, 색상에 현격하게 달라
진다. 잎 색상은 녹색, 회색, 빨간색, 무늬종이 있다.

 어떻게 키울까요?

· 높이 10~30cm
· 햇빛 반그늘~그늘
· 번식 꺾꽂이, 포기나누기

· 꽃 연중
· 온도 0~5도 이상
· 수분 보통

· 잎 타원형
· 토양 부식질 토양
· 용도 화분, 걸이분, 공기정화

하이포스테스 ^{하이포테스}

쥐꼬리망초과 여러해살이풀 | *Hypoestes spp.*

흰색 품종

하이포스테스

연녹색 품종

남아프리카, 남서아시아 원산이다. 녹색의 잎에는 물방울무늬가 있다. 잎 색상은
진홍색부터 황금색까지 매우 다양하고 점무늬가 화려함을 더해준다. 원산지에서
는 여러해살이풀, 관목 성질이 있고 꽃은 겨울에 핀다. 전초에 약간의 독성이 있다.

 어떻게 키울까요?

· 높이 30~100cm
· 햇빛 반그늘
· 번식 꺾꽂이, 포기나누기

· 꽃 겨울
· 온도 10도 이상
· 수분 보통

· 잎 긴 타원형
· 토양 부식질 토양
· 용도 화분, 걸이분, 수경

233

루엘리아

쥐꼬리망초과 상록 관목 | *Ruellia spp.*

루엘리아

꽃

잎

브라질 원산으로 덩굴 속성이 있다. 잎은 상록성이고 가운데에 흰색 맥이 있다. 꽃
색상은 흰색, 분홍색, 보라색이 있다. 보통 여름에 꽃이 피지만 실내에서 키우면 개
화 시기가 달라진다. 수분을 좋아하므로 토양을 촉촉하게 관수한다.

 어떻게 키울까요?

· 높이 30~50cm
· 햇빛 양지~반그늘
· 번식 꺾꽂이, 포기나누기

· 꽃 여름
· 온도 7도 이상
· 수분 보통

· 잎 타원형
· 토양 비옥한 토양
· 용도 화분, 걸이분, 지피식물

피토니아 ^{휘토니아}

쥐꼬리망초과 여러해살이풀 | *Fittonia verschaffeltii*

연녹색 품종

피토니아 레드스타

화이트스타

중남미 안데스산맥 원산이다. 기본종은 흰색 줄무늬가 있지만 교배종은 여러 가지 색의 줄무늬 품종(레드스타, 화이트스타, 핑크스타 등)이 있다. 직사광선을 싫어하므로 밝은 곳에서 키우고 토양을 촉촉하게 관리한다. 20~25℃ 온도에서 잘 자란다.

 어떻게 키울까요?

· **높이** 20cm
· **햇빛** 밝은 그늘
· **번식** 꺾꽂이, 포기나누기

· **꽃** 늦여름
· **온도** 10도 이상
· **수분** 보통

· **잎** 긴 타원형
· **토양** 부식질 토양
· **용도** 화분, 걸이분, 수경, 공기정화

아펠란드라

쥐꼬리망초과 여러해살이풀 | *Aphelandra squarrosa*

아펠란드라

꽃

잎

브라질 원산으로 고온다습한 원산지에서는 1.8m까지 자라는 관목성 식물이다. 얼룩말 무늬처럼 선명한 잎 무늬를 자랑하는 관엽식물이다. 건조한 토양에서는 성장이 불량하고 습한 환경을 좋아하지만 수분 과하면 잎이 떨어진다.

 어떻게 키울까요?

· 높이 0.3~1.8m
· 햇빛 밝은 그늘~그늘
· 번식 꺾꽂이

· 꽃 여름
· 온도 13~15도 이상
· 수분 보통

· 잎 타원형
· 토양 산성 토양
· 용도 화분, 공기정화

필레아 ^{수박필레아}

쐐기풀과 여러해살이풀 | *Pilea cadierei*

필레아

잎

군락

중국, 베트남 원산이다. 수박 무늬가 있다고 하여 '수박필레아'라고도 부른다. 꽃은 흰색이고 자잘한 꽃이 모여 달리지만 꽃을 보기는 어렵다. 번식은 봄, 여름에 줄기를 잘라 심는다. 전초에 약간의 독성이 있다.

어떻게 키울까요?

· **높이** 10~40cm
· **햇빛** 밝은 그늘
· **번식** 꺾꽂이

· **꽃** 겨울
· **온도** 5~10도 이상
· **수분** 보통

· **잎** 긴 타원형
· **토양** 사질 토양
· **용도** 화분, 걸이분, 공기정화

네테라 아일랜드세덤·천사의눈물

꼭두서니과 여러해살이풀 | *Nertera granadensis*

줄기

네테라

잎

뉴질랜드, 아르헨티나, 인도네시아, 파푸아뉴기니, 대만 등 태평양 연안에서 자생한다. 한때는 아일랜드세덤으로 소개되었다. 구슬 같은 주홍색 작은 열매와 앙증맞은 잎이 특징이다. 12~20도 온도에서 잘 자라며 고온에서는 열매를 볼 수 없다.

 어떻게 키울까요?

· 높이 10cm
· 햇빛 반그늘~밝은 그늘
· 번식 종자, 포기나누기

· 꽃 봄
· 온도 8도 이상
· 수분 저면관수

· 잎 타원형~하트형
· 토양 마사토 혼합
· 용도 화분, 걸이분

워터코인

산형과 여러해살이풀 | *Hydrocotyle umbellata*

워터코인

꽃

잎

북미, 남미 원산의 수생식물이다. 미국 남부지방에서는 습지의 잡초로 취급한다. 우리나라의 '피막이'와 비슷하지만 추위에 약해 5℃ 이상의 기온에서만 월동한다. 어린잎은 샐러드로 식용하는데 파슬리와 비슷한 맛이 난다.

어떻게 키울까요?

· 높이 15~30cm
· 햇빛 양지~반그늘
· 번식 꺾꽂이, 물꽂이

· 꽃 7~9월
· 온도 5도 이상
· 수분 연못, 수반 식재

· 잎 긴 원형~신장형
· 토양 점질 양토
· 용도 화분, 수경, 식용(어린잎)

타라 병아리눈물 · 블루체인

쐐기풀과 여러해살이풀 | *Pilea glauca*

꽃

잎

타라

베트남, 동남아시아 원산이다. 땅 위를 기며 자라는 속성이 있다. 과습하면 잎이 떨어지므로 수분은 보통으로 관수하고 때때로 분무기로 뿌려준다. 꽃은 산발적으로 개화하고 성장 속도가 다소 더딘 편이다.

 어떻게 키울까요?

- **높이** 15cm
- **햇빛** 반양지~밝은 그늘
- **번식** 꺾꽂이, 물꽂이

- **꽃** 연중
- **온도** 5도 이상
- **수분** 보통

- **잎** 원형
- **토양** 일반 토양
- **용도** 화분, 걸이분, 수경재배

트리안

마디풀과 상록성 덩굴식물 | *Muehlenbeckia complexa*

트리안

잎

줄기

뉴질랜드 원산의 덩굴식물이다. 원산지에서는 2~4m로 자라는 덩굴식물로 주로 해안가에서 자생한다. 꽃은 봄~여름 사이에 피고 흰색이거나 갈색이고 꽃잎은 3개이다. 번식은 종자, 꺾꽂이, 물꽂이, 휘묻이로 할 수 있다.

 어떻게 키울까요?

· **높이** 2~4m
· **햇빛** 양지~반그늘
· **번식** 꺾꽂이, 물꽂이

· **꽃** 봄
· **온도** 5~10도 이상
· **수분** 보통

· **잎** 원형
· **토양** 비옥질 토양
· **용도** 화분, 걸이분, 울타리

프테리스 ^{푸테리스}

고사리과 양치식물 | *Pteris cretica*

프테리스

잎

잎 중앙의 흰줄 무늬

전 세계의 열대와 아열대 지역에서 유사종이 자생하며 우리나라에는 꼬리고사리과의 '봉의꼬리'가 자란다. 유사종 중에 *Pteris cretica* 품종이 인기가 높고, 프테리스는 잎 색깔이 예쁘고 잎 중앙에 흰 줄이 나 있는 매력적인 관엽식물이다.

어떻게 키울까요?

· 높이 20~50cm
· 햇빛 반음지~음지
· 번식 포자, 포기나누기

· 꽃 포자
· 온도 5~8도 이상
· 수분 조금 촉촉하게

· 잎 깃꼴 모양
· 토양 비옥한 토양
· 용도 화분, 걸이분, 공기정화

보스톤고사리

고란초과 여러해살이풀 | *Nephrolepis exaltata*

보스톤고사리

걸이분

잎

비슷한 식물이 전 세계 열대지방에서 자생한다. 보스톤고사리는 미국에서 발견된 하이브리드 품종으로 보고 있다. 온도는 10~24℃가 적정 생장조건이다. 수분은 조금 촉촉하게 관수하고 온수를 사용한다.

어떻게 키울까요?

· 높이 30~60cm
· 햇빛 반양지
· 번식 포자, 포기나누기
· 꽃 포자
· 온도 5~10도 이상
· 수분 조금 촉촉하게
· 잎 깃꼴 모양
· 토양 부식질 토양
· 용도 화분, 걸이분, 공기정화

아디안텀

고사리과 여러해살이풀 | *Adiantum raddianum*

아디안텀

브라질, 베네수엘라, 멕시코 등의 열대 아메리카 원산이다. 우리나라의 '공작고사리'와 비슷한 품종으로 섭씨 18~26℃에서 잘 자란다. 아디안텀은 그리스어로 '젖지 않는다'는 의미에서 유래하고 잎이 좀처럼 물에 젖지 않는 특성이 있다.

 어떻게 키울까요?

· 높이 20~40cm
· 햇빛 반그늘
· 번식 포자, 포기나누기

· 꽃 포자
· 온도 10~15도 이상
· 수분 조금 촉촉하게

· 잎 깃털 모양
· 토양 부식질 토양
· 용도 화분, 걸이분, 공기정화

아스플레니움 _{대극도 · 아비스}

꼬리고사리과 여러해살이풀 | *Asplenium spp.*

아스플레니움

바깥쪽 잎

안쪽 잎

아메리카, 아프리카, 아시아 열대지역 원산이다. 니두스(*A. nidus*), 다우시폴리움(*A. daucifolium*) 품종이 있으며 국내에서는 '대극도'라는 이름으로 유통된다. 우리나라의 비슷한 식물로는 제주도의 '파초일엽(*A. antiguum*)'이 있다.

 어떻게 키울까요?

- · **높이** 50cm
- · **햇빛** 밝은 그늘
- · **번식** 포자, 포기나누기
- · **꽃** 포자
- · **온도** 8~10도 이상
- · **수분** 조금 촉촉하게
- · **잎** 긴 타원형
- · **토양** 부식질 토양
- · **용도** 화분, 공기정화

노랑고구마

메꽃과 덩굴성 한해살이풀 | *Ipomoea Batatas*

노랑고구마

꽃

잎

열대 아메리카 원산인 고구마의 원예종이다. 잎은 노란색에 가깝고 붉은색, 연한 자주색 등 다양하다. 잎이나 줄기를 자르면 즙이 나온다. 특히 '*Sweet Caroline Green Yellow*' 품종은 잎에 물방울 무늬가 있다.

 어떻게 키울까요?

- · 높이 30~50cm
- · 햇빛 양지
- · 번식 꺾꽂이, 뿌리꽂이

- · 꽃 포자
- · 온도 125~15도 이상
- · 수분 보통

- · 잎 심장 모양
- · 토양 약 산성 토양
- · 용도 화분, 화단, 걸이분

헬리코니아

헬리코니아과 여러해살이풀/반관목 | Heliconia spp.

헬리코니아

붉은색 품종

노란색 품종

태평양 군도 열대 우림에서 자생하며 품종이 다양하다. 잎 모양은 바나나 잎을 닮았고, 불염포 모양의 꽃이 피고 관엽식물로 분류한다. 포엽 색상은 빨간색, 주황색, 노란색, 녹색 등이 있다. 극락조화와 비슷해서 '가짜극락조'라고도 부른다.

 어떻게 키울까요?

· 높이 2m
· 햇빛 반그늘~그늘
· 번식 분구

· 꽃 사계절
· 온도 10도 이상
· 수분 조금 촉촉하게

· 잎 타원형
· 토양 비옥한 토양
· 용도 화분, 절화

안스리움 ^{홍학꽃}

천남성과 상록 여러해살이풀 | *Anthurium Schott*

꽃

안스리움

잎

열대 아메리카 원산으로 '홍학꽃'이라고도 부르며 나무에 기생하는 착생식물이다. 꽃처럼 보이는 불염포 안에 육수꽃차례의 꽃은 우아한 느낌을 주고 오래 핀다. 잎은 두터운 편이고 줄기는 짧다. 천남성과 식물은 독성이 있으므로 주의한다.

 어떻게 키울까요?

· **높이** 20~60cm
· **햇빛** 밝은 그늘
· **번식** 꺾꽂이, 포기나누기

· **꽃** 4~10월
· **온도** 13~15도 이상
· **수분** 조금 촉촉하게

· **잎** 긴 하트 모양
· **토양** 비옥한 토양
· **용도** 화분, 걸이분, 수경, 공기정화

필로덴드론 셀로움 ^{셀룸}

천남성과 여러해살이풀 | *Philodendron selloum*

필로덴드론 셀로움

가지

잎

고온다습한 열대 남미 원산으로 '셀룸' 또는 '셀럼'이라는 이름으로 유통된다. 속명은 19세기 독일 여행가인 Friedrich Sello 이름에서 유래한다. 꽃은 최소 20년 정도 자란 식물에서만 볼 수 있고, 밤에 개화한다. 원산지에서는 착생식물 성질이 있다.

어떻게 키울까요?

- · 높이 4~5m
- · 햇빛 반음지
- · 번식 꺾꽂이

- · 꽃 여름
- · 온도 5도 이상
- · 수분 조금 촉촉하게

- · 잎 깃꼴(갈라진 모양)
- · 토양 비옥한 토양
- · 용도 화분, 수변조경, 공기정화

필로덴드론
플로리다뷰티 천남성과 덩굴식물 | *Philodendron Pedatum 'Florida Beauty'*

플로리다뷰티

잎

잎무늬

플로리다뷰티는 필로덴드론 품종인 *Philodendron squamiferum×Philodendron pedatum*의 하이브리드 품종이다. 양지에서는 잎이 상하므로 반그늘 환경에서 키워야 한다. 고온다습한 환경에서 잘 성장하고 실내 공기정화 능력이 우수하다.

 어떻게 키울까요?

- ·높이 4~30m
- ·햇빛 반양지~반그늘
- ·번식 꺾꽂이, 포기나누기

- ·꽃 드물게 핌
- ·온도 15도 이상
- ·수분 적게

- ·잎 다섯 갈래 모양
- ·토양 중성~산성 토양
- ·용도 화분, 실내

필로덴드론 옥시카르디움 옥시

천남성과 덩굴식물 | P. scandens oxycardium

필로덴드론 옥시카르디움

실내 지피 조경

잎

열대 아메리카 원산으로 유통명은 '옥시'이다. 1793 William Bligh 선장이 서인도 제도에서 발견한 뒤 영국으로 가져왔고 당시 영국 왕실의 실내식물로 큰 인기를 얻었다. 1930년경 미국에서 원예산업의 붐을 일으킨 식물이다.

어떻게 키울까요?

- 높이 1~2m
- 햇빛 양지~그늘
- 번식 꺾꽂이

- 꽃 드물게 핌
- 온도 10도 이상
- 수분 보통

- 잎 하트 모양
- 토양 일반 토양
- 용도 걸이분, 실내수변, 공기정화

필로덴드론
카니폴리움

천남성과 여러해살이풀 | *Philodendron cannifolium*

필로덴드론 카니포리움

전초

필로덴드론 구티페룸 품종

필로덴드론 카니폴리움은 브라질 원산이다. 잎은 창끝 모양이고 길이 60cm 정도로 자란다. 필로덴드론 구티페룸(*philodendron guttiferum*)은 페루, 콜롬비아 원산으로 덩굴처럼 자라는 성질이 있다. 잎 길이는 15~20cm 정도이다.

 어떻게 키울까요?

· 높이 30~100cm
· 햇빛 양지~반그늘
· 번식 꺾꽂이, 종자
· 꽃 드물게 짧게 핌
· 온도 10도 이상
· 수분 보통
· 잎 긴 타원형, 창 모양
· 토양 산성 토양
· 용도 화분, 공기정화

필로덴드론
에루베스센스

천남성과 덩굴식물 | *Philodendron erubescens*

필로덴드론 에루베스센스

잎

필로덴드론 문라이트 품종

필로덴드론 에루베스센스는 열대 중남미 원산의 덩굴식물이다. 잎의 길이는 20~40cm 정도이고 아래쪽이 적자색이 도는 경우도 있다. 필로덴드론 문라이트는 필로덴드론의 하이브리드 품종으로 '문라이트'라는 이름으로 많이 유통된다.

 어떻게 키울까요?

· **높이** 1~18m
· **햇빛** 반음지~음지
· **번식** 꺾꽂이, 휘묻이

· **꽃** 드물게 핌
· **온도** 10~13도 이상
· **수분** 보통

· **잎** 삼각(심장) 모양
· **토양** 비옥한 토양
· **용도** 화분, 공기정화

필로덴드론 콩고

천남성과 여러해살이풀 | *Philodendron tatei congo*

콩고 품종의 잎

필로덴드론 레드콩고 품종

필로덴드론 선라이트 품종

남미 원산으로 *Philodendron tatei* 품종에서 파생한 하이브리드 품종으로 추정한다. 콩고와 레드콩고는 서로 비슷하지만 잎의 색상이 틀리고, 선라이트는 문라이트와 가까운 품종이다. 때때로 붉은색 포에 쌓여있는 육수꽃차례의 꽃이 핀다.

 어떻게 키울까요?

· **높이** 30~50cm
· **햇빛** 반그늘
· **번식** 꺾꽂이

· **꽃** 드물게 핌
· **온도** 10도 이상
· **수분** 조금 촉촉하게

· **잎** 긴 타원형(창 모양)
· **토양** 산성 토양
· **용도** 화분, 공기정화

아글라오네마

천남성과 여러해살이풀 | Aglaonema spp.

말레이뷰티 품종

마리아 품종

실버킹 품종

아시아 열대지역 원산이다. 알려진 유사종은 20여 종이 있고 수많은 하이브리드 품종이 있다. 잎의 길이는 품종에 따라 10~45cm이다. 흰색, 녹색, 빨간색 포엽에 쌓인 육수꽃차례의 꽃이 핀다. 대부분 잎에 무늬가 나 있다.

 어떻게 키울까요?

· 높이 20~15cm
· 햇빛 반음지~음지
· 번식 꺾꽂이, 포기나누기

· 꽃 드물게 핌
· 온도 10도 이상
· 수분 조금 촉촉하게

· 잎 창 모양
· 토양 일반 토양
· 용도 화분, 걸이분, 공기정화

아글라오네마 오로라 ^{시암오로라}
천남성과 여러해살이풀 | *Aglaonema 'Siam Orlala'*

아글라오네마 오로라

아글라오네마의 하이브리드 품종으로 흔히 '시암오로라'라고 부른다. 시암오로라처럼 붉은색 잎을 가진 아글라오네마 품종은 약 30여 종이 있다. 긴 타원형의 잎은 끝이 뾰족하고 잎 테두리와 잎맥 부분이 붉은색 또는 분홍빛을 띤다.

어떻게 키울까요?

· 높이 30~90cm
· 햇빛 반그늘
· 번식 꺾꽂이, 포기나누기
· 꽃 드물게 핌
· 온도 10도 이상
· 수분 조금 촉촉하게
· 잎 긴 타원형(창 모양)
· 토양 일반 토양
· 용도 화분, 수경재배, 공기정화

칼라디움

천남성과 여러해살이풀 | *Caladium spp.*

칸디덤 품종

칼라디움 바이칼라 칸디덤 왜성종

잎

브라질 원산으로 120여 원예 품종이 있다. 잎에 붉은색, 보라색, 흰색이 섞여 있거나 흰색 잎, 진홍색 잎 등이 있는데 흰색 잎이 가장 인기가 높다. 잎의 길이는 15~45cm 정도이다. 전초는 유독 식물이므로 식용할 수 없다.

어떻게 키울까요?

· 높이 30~90cm
· 햇빛 반그늘~그늘
· 번식 꺾꽂이, 휘묻이

· 꽃 드물게 핌
· 온도 15도 이상
· 수분 조금 촉촉하게

· 잎 긴 심장 모양
· 토양 비옥한 토양
· 용도 화분, 베란다, 걸이분

디펜바키아 **마리안느**

천남성과 여러해살이풀 | *Dieffenbachia spp.*

디펜바키아 마리안느

잎

디펜바키아 카밀레 품종

멕시코, 코스타리카, 엘살발도로, 브라질 등 중남미 원산이며 약 30여종이 있다. 이 외에 *Dieffenbachia seguine 'Marianne'* 같은 하이브리드 품종이 인기 있다. 수액 에 독성이 있으므로 접촉시 주의한다. '카밀레' 품종은 흰색 영역이 더 넓다.

 어떻게 키울까요?

· 높이 60~200cm
· 햇빛 반그늘~그늘
· 번식 꺾꽂이, 휘묻이

· 꽃
· 온도 12도 이상
· 수분 보통

· 잎 타원형
· 토양 약 산성 토양
· 용도 화분, 거실, 공기정화

디펜바키아 **안나**

디펜바키아 콤팩타

천남성과 여러해살이풀 | *Dieffenbachia cv. anna*

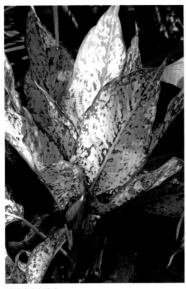

디펜바키아 안나

다이아몬 품종

트로픽스노우 품종

디펜바키아의 왜성종인 콤팩타 품종으로 안나(Anna)가 가장 인기가 높다. 잎에 물 방울무늬가 있고 '디펜바키아 콤팩타'라고도 부른다. 그 외 다이아몬, 트로픽스노우, 스타 브라이트 등의 비슷한 무늬를 가진 품종들이 많다.

 어떻게 키울까요?

· **높이** 50cm
· **햇빛** 밝은 그늘
· **번식** 꺾꽂이, 포기나누기

· **꽃** 드물게 핌
· **온도** 12~15도 이상
· **수분** 보통

· **잎** 타원형
· **토양** 일반 토양
· **용도** 화분, 거실, 공기정화

디펜바키아 **윌슨**

천남성과 여러해살이풀 | *D. cv. Wilson's Delight*

잎

디펜바키아 윌슨

품종

디펜바키아 품종 중에서 콤팩타 품종보다는 조금 크다. *D. amoena*의 원예종으로 보인다. 잎은 밝은 녹색이고 맥이 뚜렷하게 보이며 무늬가 있는 종이 인기가 높다. 디펜바키아는 공통적으로 수액의 독성이 심하므로 접촉 시 주의하도록 한다.

 어떻게 키울까요?

· **높이** 90cm
· **햇빛** 밝은 그늘
· **번식** 꺾꽂이, 포기나누기

· **꽃** 드물게 핌
· **온도** 15도 이상
· **수분** 보통

· **잎** 긴 타원형
· **토양** 일반 토양
· **용도** 화분, 실내, 공기정화

마란타

마란타과 여러해살이풀 | *Maranta leuconeura*

마란타

잎

꽃

브라질 원산으로 20여 종의 유사종이 있다. 잎의 길이는 8cm 정도이고 밤에 두 잎
이 손바닥처럼 합쳐지는 성질(기도하는 식물)이 있다. 꽃은 흰색으로 피고 잎은 보
라색 얼룩이 있어 특이하고 예쁘다. 뿌리가 짧아 얕은 화분에 심어야 한다.

 어떻게 키울까요?

· **높이** 30~50cm
· **햇빛** 반그늘
· **번식** 포기나누기

· **꽃** 봄~여름
· **온도** 10~12도 이상
· **수분** 조금 촉촉하게

· **잎** 타원형
· **토양** 비옥한 토양
· **용도** 화분, 걸이분, 공기정화

크로카타 칼라데아 크로카타

마란타과 여러해살이풀 | *Calathea crocata*

꽃

크로카타

잎

속명을 보면 알 수 있듯 칼라데아 또는 마란타와 비슷한 관엽식물이지만 겨울에 주황색 또는 노란색 꽃이 핀다. 브라질 원산이며 높이 60cm로 자란다. 타원형의 잎은 골이 있고 적갈색이다. 햇빛을 싫어하므로 양지에 장시간 노출하지 않는다.

 어떻게 키울까요?

· 높이 60cm
· 햇빛 밝은 그늘~그늘
· 번식 포기나누기

· 꽃 겨울
· 온도 15도 이상
· 수분 보통

· 잎 타원형
· 토양 일반 토양
· 용도 화분, 베란다

칼라데아 마코야나

마란타과 여러해살이풀 | *Calathea makoyana*

전초

칼라데아 마코야나

잎

열대 남미 원산이다. 공작새 날개와 비슷하다 하여 '공작칼라데아'라고도 부른다. 유통명은 '칼라데아' 또는 '마코야나'이다. 불소 성분을 싫어하므로 수돗물 대신 증류수나 빗물로 관수한다. 직사광선에 잎이 타들어가기 때문에 직사광선은 피한다.

 어떻게 키울까요?

· 높이 30~90cm · 꽃 봄 · 잎 타원형
· 햇빛 반그늘 · 온도 10도 이상 · 토양 일반 토양
· 번식 포기나누기 · 수분 보통 · 용도 공부방, 침실, 공기정화

칼라데아 제브리나

마란타과 여러해살이풀 | *Calathea zebrina*

잎

칼라데아 제브리나

메달리온 품종

브라질 원산이다. 직사광선에서는 잎이 타들어 가고, 음지에서는 잎의 색상이 제대로 표현되지 않기 때문에 밝은 그늘에서 키운다. 칼라데아 '메달리온'은 원예 품종이며 비슷한 모양의 잎으로는 칼라데야 '프린세스' 등이 있다.

 어떻게 키울까요?

· **높이** 30~90cm
· **햇빛** 밝은 그늘
· **번식** 포기나누기

· **꽃** 드물게 핌
· **온도** 10도 이상
· **수분** 보통보다 흠뻑

· **잎** 타원형
· **토양** 일반 토양
· **용도** 화분, 공기정화, 실내

칼라데아 인시그니스

마란타과 여러해살이풀 | *Calathea lancifolia*

칼라데아 인시그니스

남미 원산이다. 정식학명은 *Calathea lancifolia* 또는 *Calathea insignis*이다. 국내에서는 '인시그니스'라는 이름으로 유통된다. 특이한 점 무늬가 매력적인 길쭉한 잎의 길이는 70cm 정도이고 긴 잎자루가 달려있다. 꽃은 입술 모양이고 노란색이다.

 어떻게 키울까요?

· 높이 70~120cm
· 햇빛 양지~반그늘
· 번식 포기나누기

· 꽃 드물게 핌
· 온도 10도 이상
· 수분 보통

· 잎 칼 모양
· 토양 유기질 토양
· 용도 화분, 실내, 공기정화

칼라데아 **오나타**

마란타과 여러해살이풀 | Calathea ornata

잎의 줄무늬

칼라데아 오나타 진저 품종

칼라데야 품종

중남미 원산으로 칼라데아 품종 중에서 잎에 줄무늬가 있다. '줄무늬 칼라데아'라고도 한다. 특히 *C.Ornata 'Roseo-lineata'*(진저 품종, 잎 모양 길쭉)이라는 하이브리드 품종이 많이 알려져 있다. 잎 모양이 둥근 것은 오나타 품종이다.

 어떻게 키울까요?

· 높이 60~120cm
· 햇빛 양지~반그늘
· 번식 포기나누기

· 꽃
· 온도 10도 이상
· 수분 보통보다 자주

· 잎 긴 타원형
· 토양 산성 토양
· 용도 화분, 화단, 공기정화

크테난테

마란타과 여러해살이풀 | Ctenanthe spp.

크테난테

꽃

수형

브라질 원산이다. C. Kummeriana 품종은 50cm 정도로 자라고 잎은 녹색이다.

C. Lubbersiana 품종은 40cm 정도로 자라고 C. Oppenheimiana 품종은 90cm 정도로 자란다. 잎에 크림색 같은 다각 무늬가 있고 두 가지 색상이 섞여있다.

 어떻게 키울까요?

· 높이 30~90cm · 꽃 사계절 · 잎 긴 타원형
· 햇빛 반그늘~밝은 그늘 · 온도 10도 이상 · 토양 일반 토양
· 번식 포기나누기 · 수분 보통보다 자주 · 용도 화분, 베란다

파인애플

파인애플과 여러해살이풀 | Ananas comosus

파인애플

전초

잎

중남미 원산이다. 1,493년 콜럼버스에 의해 발견된 뒤 유럽으로 전래하였다. 솔방울 모양의 열매 때문에 '파인애플'이라는 이름을 붙였다. 열매 상단부 잎을 잘라낸 뒤 과육 부분을 제거하고 땅에 심는다. 심은 지 1~2년 뒤 열매를 볼 수 있다.

 어떻게 키울까요?

- · 높이 1~1.5m
- · 햇빛 양지
- · 번식 꺾꽂이

- · 꽃 2년 후 개화
- · 온도 10도 이상
- · 수분 보통

- · 잎 긴 창 모양
- · 토양 모래(2): 점질(1)
- · 용도 화분, 식용, 공기정화

구즈마니아

파인애플과 여러해살이풀 | *Guzmania lingulata*

구즈마니아

노란색 품종

붉은색 품종의 꽃

열대 중남미 원산의 착생식물이다. 포엽의 색상은 품종에 따라 노랑, 흰색, 분홍색, 자주색, 빨간색이 있고 자주색 품종이 인기가 높다. 토양은 난초류 토양을 권장한다. 꽃은 장시간 유지되고 꽃이 핀 이후에는 서서히 죽어간다.

어떻게 키울까요?

· 높이 30~60cm
· 햇빛 밝은 그늘
· 번식 새끼포기번식

· 꽃 사계절
· 온도 8~10도 이상
· 수분 보통

· 잎 긴 창 모양
· 토양 흙, 바크 혼합
· 용도 화분, 거실, 공기정화

네오네겔리아

파인애플과 여러해살이풀 | *Neoregelia carolinae*

네오네겔리아

품종

품종

브라질 원산의 착생식물이며 5천여 종의 원예종이 있다. 각각의 품종마다 중앙부 빨간 부분의 색상이 다르고 잎의 무늬도 조금씩 달라진다. 속명은 러시아의 식물학자 Regel의 이름에서 따왔다. 꽃은 중앙부의 물이 있는 부분에서 핀다.

 어떻게 키울까요?

· **높이** 20~30cm
· **햇빛** 밝은 그늘
· **번식** 새끼포기번식

· **꽃** 드물게 핌
· **온도** 10~12도 이상
· **수분** 보통

· **잎** 넓은 줄 모양
· **토양** 흙, 바크 혼합
· **용도** 화분, 공기정화

에크메아 파시아타

파인애플과 여러해살이풀 | *Aechmea Fasciata*

에크메아 파시아타

꽃

군락

브라질 원산이며 파인애플과의 관엽식물 중 잎이 가장 아름답다. 꽃은 여름에 2~3 개월 동안 지속되지만 실내에서 키울 경우 꽃 피는 시기가 달라진다. 번식은 꽃이 진 후 새끼 포기가 생성되면 떼어내어 번식시킨다.

어떻게 키울까요?

· 높이 30~90cm
· 햇빛 밝은 그늘
· 번식 새끼포기번식

· 꽃 여름
· 온도 10도 이상
· 수분 보통

· 잎 직사각형
· 토양 수태, 흙, 바크
· 용도 화분, 걸이분, 공기정화

크립탄서스 ^{불가사리꽃}

파인애플과 여러해살이풀 | *Cryptanthus bivittatus*

크립탄서스 블랙 미스틱 품종

잎 무늬가 매우 독특한 관엽식물로 남미 원산이다. 'Black Mistic', 'Ruby', 'Pink Starlite' 등의 품종이 있다. 'Black Mistic'를 제외한 붉은색 잎 품종은 양지 또는 음지에 따라 잎 색깔이 붉은색, 핑크색, 녹색으로 변하는데 보통 1개월이 걸린다.

 어떻게 키울까요?

· 높이 15~30cm
· 햇빛 반그늘~밝은 그늘
· 번식 새끼포기번식

· 꽃 여름
· 온도 12~15도 이상
· 수분 보통

· 잎 긴 타원형
· 토양 모래 혼합 토양
· 용도 화분, 거실, 베란다

브리시아

파인애플과 여러해살이풀 | *Vriesea spp.*

브리시아

군락

꽃

멕시코, 카리브해, 중남미 원산이다. 일반적으로 빨간색의 칼 같은 꽃머리에서 꽃이 핀다. 꽃머리의 색상은 빨간색, 분홍색 등 품종에 따라 다르다. 국내에서는 브리시아, 에크메아 파시아타를 '아나나스'라고 부르기도 한다.

어떻게 키울까요?

· 높이 30~60cm
· 햇빛 반그늘~밝은 그늘
· 번식 종자, 새끼포기

· 꽃 연중
· 온도 10~12도 이상
· 수분 보통

· 잎 긴 칼 모양
· 토양 일반 토양
· 용도 화분, 공기정화

틸란드시아 ^{틸란}

파인애플과 여러해살이풀 | *Tillandsia cyanea*

틸란

꽃

잎

에콰도르 등의 중남미 원산의 착생식물이다. 포엽은 붉은색이거나 분홍색이 있고 포엽에서 1~2개의 보라색 꽃이 핀다. 몇 개월 동안 꽃이 유지된 후 꽃이 시들면 식물체가 죽을 수도 있으므로 바로 새끼 포기로 번식시킨다.

 어떻게 키울까요?

· 높이 30cm
· 햇빛 밝은 그늘
· 번식 포기나누기, 종자

· 꽃 겨울
· 온도 5~8도 이상
· 수분 약간 건조하게

· 잎 선 모양
· 토양 바크, 모래, 점토 혼합 토양
· 용도 화분, 걸이분

스파티필름

천남성과 여러해살이풀 | *Spathiphyllum spp.*

스파티필름

포엽과 꽃

잎

열대 아시아와 열대 아메리카 원산이다. 흰색, 노란색, 녹색 포엽에 육수꽃차례의 꽃이 핀다. 그늘에서는 꽃이 피지 않으므로 햇빛이 조금씩 들어오는 밝은 그늘에서 키운다. 추위에 민감하므로 늦가을 밤 기온이 떨어지면 실내로 옮긴다.

어떻게 키울까요?

· **높이** 30~50cm
· **햇빛** 반양지~그늘
· **번식** 포기나누기

· **꽃** 연중
· **온도** 10~15도 이상
· **수분** 보통

· **잎** 긴 타원형
· **토양** 비옥한 토양
· **용도** 화분, 공기정화

스파티필름 도미노 천남성과 여러해살이풀 | *Spathiphyllum domino*

스파티필름 도미노

잎

스파티필름의 교잡종로 잎 전체에 크림색 띠가 있다. 일반 스파티필름보다 잎은 다소 좁지만 우아한 느낌이 있어 실내 식물 및 공기정화식물로 인기가 높다. 원산지는 베네수엘라, 콜롬비아로 추정한다. 약간의 유독 성분이 있으므로 주의한다.

 어떻게 키울까요?

- ·높이 30~90cm
- ·햇빛 반그늘~그늘
- ·번식 꺾꽂이, 포기나누기

- ·꽃 봄
- ·온도 10~15도 이상
- ·수분 보통

- ·잎 긴 타원형
- ·토양 산성 토양
- ·용도 화분, 질화

금전수 ^{돈나무}

천남성과 여러해살이풀 | *Zamioculcas zamiifolia*

잎

줄기

금전수

케냐를 포함한 동아프리카와 남아프리카 원산이다. 1996년 경 네덜란드 원예업자
에 의해 선풍적으로 보급되었다. 잎이 동전 모양이라고 해서 '돈나무'라는 별명이 붙
었다. 이름처럼 재물을 상징하여 개업선물로 인기가 높다.

 어떻게 키울까요?

· 높이 40~90cm
· 햇빛 반그늘
· 번식 꺾꽂이

· 꽃 여름~초가을
· 온도 5도 이상
· 수분 다소 건조하게

· 잎 깃꼴
· 토양 일반 토양
· 용도 화분, 거실, 사무실

에피프레넘 ^{스킨답서스}

천남성과 상록 덩굴식물 | *Epipremnum aureum*

에피프레넘

걸이분

형광스킨답서스

말레이시아, 인도네시아, 뉴기니, 솔로몬제도 원산이다. 햇빛을 많이 받으면 잎의 마블링이 진하게 올라온다. 모래, 점토, 피트모스(이탄, 부식토의 일종)가 동일 비율로 혼합된 토양에서 기른다. 추위만 조심하면 별다른 관리 없이도 잘 자란다.

 어떻게 키울까요?

· **높이** 0.5~20m
· **햇빛** 반그늘~음지
· **번식** 꺾꽂이

· **꽃** 겨울
· **온도** 5~10도 이상
· **수분** 보통, 수경재배

· **잎** 심장형
· **토양** 혼합 토양
· **용도** 화분, 걸이분, 공기정화

엔젤스킨

천남성과 상록 덩굴식물 | *Scindapsus pictus*

엔젤스킨

잎

에피프레넘과 잎 모양이 비슷하지만 엄연히 다른 품종으로 흰색 무늬에 따라 여러 품종이 있다. 유명한 품종은 '*Argyraeus*' 품종과 '*Exotica*' 품종이다. 원산지는 인도에서 동남아시아까지 분포한다. 비교적 키우기 쉬운 식물이다.

 어떻게 키울까요?

· 높이 3m	· 꽃 드물게 핌	· 잎 심장형
· 햇빛 반그늘	· 온도 15도 이상	· 토양 비옥한 토양
· 번식 꺾꽂이, 포기나누기	· 수분 보통~적게	· 용도 화분, 걸이분

279

싱고니움

천남성과 상록 덩굴식물 | *Syngonium podophyllum*

싱고니움

잎

품종

중남미 열대우림 원산이다. 추위에 매우 약하므로 늦가을 추위가 시작되기 전 따뜻한 실내로 옮긴다. 잎에 흰색, 분홍색, 노란색 무늬가 있고 햇빛을 많이 받으면 마블링이 많아진다. 화살촉 모양의 잎은 자라면서 손가락 모양으로 변한다.

 어떻게 키울까요?

· **높이** 03.~20m
· **햇빛** 반그늘
· **번식** 꺾꽂이, 포기나누기
· **꽃** 드물게 핌
· **온도** 13~18도 이상
· **수분** 보통
· **잎** 화살촉 모양
· **토양** 일반 토양
· **용도** 화분, 걸이분, 공기정화

알로카시아 코끼리의 귀

천남성과 여러해살이풀 | Alocasia spp.

알로카시아

잎

줄기

열대 아시아와 호주 원산으로 70여 유사종이 있다. 잎은 하트 모양이고 길이 20~90cm 정도로 코끼리 귀를 닮은 식물로도 알려졌다. 전초에 유독성이 있어서 주의해야 한다. 원산지의 원주민들은 때때로 열매를 삶아 식용한 기록이 있다.

어떻게 키울까요?

· **높이** 40~300cm
· **햇빛** 반그늘~밝은 그늘
· **번식** 종자, 꺾꽂이

· **꽃** 드물게 핌
· **온도** 10~12도 이상
· **수분** 조금 건조하게

· **잎** 심장형
· **토양** 부엽질 마사토
· **용도** 화분, 공기정화

알로카시아 **아마조니카** 천남성과 여러해살이풀 | *Alocasia x amazonica*

알로카시아 아마조니카

전초

잎

열대 동남아시아 원산으로 *Alocasia watsoniana Hort* 품종과 *Alocasia sanderiana Hort*의 하이브리드 품종이다. 1950년경 플로리다에서 육종되었으며, 암녹색의 강렬한 잎 때문에 카페, 레스토랑 등에 잘 어울리는 이국적인 관엽식물이다.

어떻게 키울까요?

- **높이** 40.~300cm
- **햇빛** 반그늘~밝은 그늘
- **번식** 포기나누기, 꺾꽂이
- **꽃** 드물게 핌
- **온도** 12~15도 이상
- **수분** 조금 건조하게
- **잎** 심장형(화살 모양)
- **토양** 부엽질 마사토
- **용도** 화분, 공기정화

물토란 자색토란 · 흑토란

천남성과 여러해살이풀 | *Xanthosoma violaceum*

물토란

잎

줄기

열대 남미 원산이며 물에서 자란다. 줄기 색상이 어두운 자색이라고 하여 '흑토란' 또는 '자색토란'이라고 한다. 관상용이나 사료용으로 키운다. 열대 아시아 원산의 토란(*Colocasia esculenta*)은 식용으로 재배한다.

 어떻게 키울까요?

- **높이** 0.5~5m
- **햇빛** 반그늘~그늘
- **번식** 알뿌리

- **꽃** 여름
- **온도** 10~15도 이상
- **수분** 촉촉하게

- **잎** 심장형
- **토양** 비옥질 토양
- **용도** 화분, 워터가든, 공기정화

몬스테라

천남성과 상록 덩굴식물 | *Monstera deliciosa*

몬스테라

열매

잎

멕시코, 콜롬비아 원산의 덩굴성 착생식물이다. 잎 길이는 20~90㎝이다. 꽃은 3년 이상된 식물에서만 볼 수 있다. 원주민들은 길이 20㎝의 열매 알맹이를 식용하기도 하는데 파인애플 맛과 비슷하다. 미성숙 과일은 독성 때문에 식용할 수 없다.

 어떻게 키울까요?

· 높이 20m
· 햇빛 반그늘
· 번식 꺾꽂이, 휘묻이

· 꽃 연중
· 온도 5~10도 이상
· 수분 보통보다 흠뻑

· 잎 타원형
· 토양 부식질 토양
· 용도 화분, 약용(잎, 뿌리)

몬스테라 아단소니
천남성과 상록 덩굴식물 | *Monstera Adansonii*

몬스테라 아단소니

잎

걸이분

몬스테라 유사종으로 잎은 더 얇고 작고 귀여운 품종이다. 원산지에서는 덩굴식물
이지만 국내에서는 관엽식물처럼 화분에 넣어 판매한다. 서인도제도, 중남미 지역
저지대 강가나 계곡에서 자생한다. 오래될수록 잎에 천공이 많다.

 어떻게 키울까요?

· 높이 1~20m
· 햇빛 반그늘
· 번식 종자, 꺾꽂이

· 꽃 봄
· 온도 5도 이상
· 수분 보통~적게

· 잎 천공형
· 토양 산성~중성토
· 용도 화분, 걸이분

무늬월도

생강과 여러해살이풀 | Alpinia zerumbet

무늬월도

줄기

잎

동아시아 열대지역 원산이다. 꽃은 흰색이거나 분홍색이다. 빗살처럼 독특한 잎 무늬를 자랑한다. 어린잎은 차로 마시거나 떡의 맛을 내고, 약용 목적으로 사용하거나 목욕제로 사용한다. 잎에는 항산화, 항암 성분이 있는 것으로 알려져 있다.

 어떻게 키울까요?

· 높이 1~3m
· 햇빛 양지~반그늘
· 번식 포기나누기

· 꽃 봄
· 온도 8도 이상
· 수분 조금 촉촉하게

· 잎 긴 타원형
· 토양 비옥한 토양
· 용도 공기정화, 약용 및 식용(잎)

그린볼야자 ^{녹보석}

콩과 상록 교목 | *Castanospermum australe*

그린볼야자

씨앗

잎

원산지 호주와 뉴 칼레도니아에서는 높이 20m로 자라는 교목이다. 원예종은 줄기
아래의 씨앗(일명 녹색볼)을 양분 삼아 자란다. 원산지의 열매 꼬투리에는 보통 3~5
개의 씨앗이 들어있다. 씨앗은 독성이 있으나 독성을 제거한 뒤 식용한다.

어떻게 키울까요?

· 높이 0.5~20m
· 햇빛 반그늘~밝은 그늘
· 번식 종자, 꺾꽂이

· 꽃 늦가을~초겨울
· 온도 10도 이상
· 수분 보통

· 잎 긴 타원형
· 토양 유기질(7) : 마사토(3)
· 용도 화분, 실내

크로톤

대극과 상록 소관목 | *Codiaeum variegatum*

잎

크로톤

꽃

인도, 스리랑카, 말레이시아, 인도네시아, 서태평양 원산이다. 가는 잎, 넓은 잎, 꼬인 잎 등 다양한 원예품종이 있다. 잎 모양에 따라 품종명도 달라진다. 햇빛을 받을수록 잎 색상이 변화무쌍하다. 공기정화능력이 탁월한 관엽식물이다.

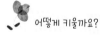 어떻게 키울까요?

- · 높이 0.3~3m
- · 햇빛 반양지~밝은 그늘
- · 번식 종자, 꺾꽂이
- · 꽃 여름
- · 온도 12~15도 이상
- · 수분 충분하게
- · 잎 타원형(다양한 모양)
- · 토양 비옥한 토양
- · 용도 화분, 실내, 공기정화

1. 크로톤로스차일드
2. 실크로톤
3. 금성크로톤
4. 트위스트크로톤

한기죽 ^{리본풀}

마디풀과 열대 다육식물 | *Muehlenbeckia platyclada*

한기죽

줄기와 꽃

꽃

솔로몬군도와 뉴기니 원산이다. 꽃은 특이하게도 잎마디 가장자리에서 작게 피는데 가을~겨울 사이에 흰색으로 핀 뒤 분홍색으로 변한다. 줄기는 리본 모양이었다가 점점 둥글게 변한다. 목본식물이며 줄기가 대나무처럼 마디가 나 있다.

어떻게 키울까요?

· 높이 0.5~4m
· 햇빛 양지~음지
· 번식 종자, 꺾꽂이

· 꽃 가을~겨울
· 온도 10도 이상
· 수분 보통

· 잎 삼각꼴
· 토양 비옥한 토양
· 용도 화분, 실내

율마

측백나무과 상록 관목 | *Cupressus macrocarpa*

율마

수형

잎

측백나무과 침엽수로 학명은 *Cupressus macrocarpa* '*Wilma Goldcrest*'. 원종은 미국 캘리포니아 바닷가에서 자생하며, 이를 원예종으로 개량하였다. 잎에서 레몬 향이 나고, 늦가을 찬바람을 싫어하며 건조함을 피하고 통풍에 신경을 써야 한다.

 어떻게 키울까요?

· 높이 1~5m
· 햇빛 양지~반양지
· 번식 꺾꽂이

· 꽃 드물게 핌
· 온도 5~10도 이상
· 수분 보통, 저면관수

· 잎 바늘 모양
· 토양 비옥한 토양
· 용도 화분, 공기정화

해피트리 <small>행복나무 · 부귀수</small>

두릅나무과 상록 교목 | *Heteropanax fragrans*

해피트리

잎

어린잎

인도, 중국 등 열대 아시아 원산으로 자생지에서는 최고 30m 높이로 자란다. 꽃은 겨울~봄 사이에 피고 반짝거리는 푸른 잎(어린잎)은 풍성하고 윤기가 있어 돋보인다. 해피트리는 행운과 재물을 상징하여 개업선물로 인기가 높다.

 어떻게 키울까요?

· **높이** 1~30m
· **햇빛** 밝은 그늘
· **번식** 종자, 꺾꽂이

· **꽃** 겨울~봄
· **온도** 5~10도 이상
· **수분** 보통

· **잎** 타원형
· **토양** 약 산성 토양
· **용도** 화분, 실내, 공기정화

홍콩야자 ^{홍콩 쉐프렐라}

두릅나무과 상록 관목 | *Brassaia actinophylla*

잎

홍콩야자

무늬홍콩야자

두 품종이 알려져 있다. *B. actinophylla* 품종은 호주, 뉴기니, 자바 열대우림 원산이며 15m까지 자란다. *B. arboricola* 품종은 8m까지 자라고 말레이반도, 필리핀, 호주, 하와이에서 자생한다. 두 품종의 잎 모양은 비슷하며 야자나무류는 아니다.

 어떻게 키울까요?

· 높이 1~15m	· 꽃 드물게 핌	· 잎 6~9개의 복엽
· 햇빛 반양지~반음지	· 온도 5~10도 이상	· 토양 일반 토양
· 번식 종자, 꺾꽂이	· 수분 보통	· 용도 화분, 실내, 공기정화

파키라

아욱과 상록 교목 | *Pachira aquatica*

파키라

화분

잎

중남미 원산으로 손바닥 모양의 잎이 7개 정도 달린다. 원산지에서는 열매와 잎을 식용할 목적으로 재배하는데 열매는 가루를 내어 식용한다. 1986년 대만에서 왜성종이 개발된 뒤 '돈나무'라는 이름으로 축하, 개업선물 관엽식물로 인기가 높다.

어떻게 키울까요?

· 높이 0.5~18m
· 햇빛 반양지~밝은 그늘
· 번식 종자, 꺾꽂이

· 꽃 4~10월
· 온도 10~15도 이상
· 수분 보통

· 잎 6~8개의 복엽
· 토양 마사토
· 용도 실내, 공기정화

코르딜리네 ^{홍죽}

용설란과 상록 소관목 | *Cordyline spp.*

코르딜리네

수형

잎

호주, 뉴질랜드, 동남아시아, 서태평양 원산이며 20여 유사종이 있다. 매혹적인 홍색의 잎 때문에 정원의 포인트 식물로 인기가 높다. 특히 *C. fruticosa* 품종은 원주민들이 뿌리를 식용 또는 약용 목적으로 재배하였다.

어떻게 키울까요?

- · 높이 1~4m
- · 햇빛 양지~반그늘
- · 번식 줄기꽂이, 휘묻이

- · 꽃 드물게 핌
- · 온도 10도 이상
- · 수분 보통

- · 잎 긴 피침형(댓잎 모양)
- · 토양 일반 토양
- · 용도 정원, 공기정화, 약용(뿌리)

불수감
황금귤나무 · 꽃귤나무 · 불수귤나무

운향과 상록 관목 | *Citrus medica*

불수감의 열매

중국, 인도 원산이다. 열매 모양이 부처님 손을 닮았다 하여 불수감이라고 한다. 향이 좋은 방향성 식물로 호텔 객실 등의 관상수로 좋다. 열매는 각종 요리의 향을 내거나 샐러드, 차로 쓰인다. 행운, 장수의 상징하므로 원예용으로 많이 키운다.

 어떻게 키울까요?

· 높이 0.5~5m
· 햇빛 양지~반양지
· 번식 꺾꽂이

· 꽃 봄
· 온도 -2~0도 이상
· 수분 충분하게

· 잎 타원형
· 토양 일반 토양
· 용도 화분, 실내, 식용(열매)

극락조화

파초과 상록 여러해살이풀 | *Strelitzia reginae*

극락조화

포엽과 잎

잎

남아프리카 원산으로 꽃 생김새가 극락조를 닮았다고 하여 극락조화라고 부른다. 잎 길이는 20~70cm 정도이고 잎자루는 최대 1m 정도이다. 꽃은 새의 부리처럼 생긴 곳에 포엽과 함께 달린다. 1773년 유럽에 도입된 뒤 관상용으로 인기 끌었다.

 어떻게 키울까요?

· 높이 2m
· 햇빛 양지
· 번식 포기나누기, 종자

· 꽃 연중
· 온도 5도 이상
· 수분 조금 건조하게

· 잎 긴 창 모양
· 토양 비옥한 토양
· 용도 화분, 약용(전초)

호야

박주가리과 상록 덩굴식물 | *Hoya camosa*

호야

꽃

잎

호주, 동남아시아 원산이며 300여 유사종이 있다. 산형꽃차례로 자잘하게 별 모양의 꽃이 달린다. 꽃 색깔은 흰색, 노란색, 분홍색, 붉은색, 자주색 등이 있다. 품종에 따라 잎에 잔털이 있거나 얼룩이 있다. 잎의 길이는 25cm까지 자라는 경우도 있다.

 어떻게 키울까요?

· 높이 1~10m
· 햇빛 반그늘
· 번식 꺾꽂이, 포기나누기

· 꽃 연중
· 온도 5도 이상
· 수분 보통

· 잎 타원형
· 토양 일반 토양
· 용도 화분, 걸이분, 공기정화

러브체인 세로페기아

박주가리과 상록 덩굴식물 | *Ceropegia woodii*

러브체인

줄기

하트 모양의 잎

열대 아프리카, 열대 아시아, 호주 원산이다. 대리석 무늬의 잎은 햇빛을 많이 받으면 짙은 녹색, 햇빛을 덜 받으면 연한 녹색이 된다. 꽃은 쥐방울덩굴의 꽃을 닮았고, 여름~가을 사이에 핀다. 하트 모양의 잎과 자줏빛 줄기가 매력적이다.

어떻게 키울까요?

· 높이 1~4m
· 햇빛 반그늘
· 번식 꺾꽂이, 물꽂이

· 꽃 여름~가을
· 온도 8~15도 이상
· 수분 보통

· 잎 하트 모양
· 토양 부식질 토양
· 용도 화분, 걸이분

디콘드라 ^{실버풀}

메꽃과 상록 여러해살이풀 | *Dichondra sericea*

걸이분

디콘드라

은빛이 나는 잎

뉴질랜드, 호주 원산으로 잎은 하트형 또는 신장 모양이고 길이 0.5~2.5cm이다. 꽃은 황록색이고 여름에 피지만 온실에서는 수시로 핀다. 원산지에서는 지피식물로 자라지만 벽걸이 화분처럼 행잉 플랜트(공중걸이분)로 키워도 예쁘다.

 어떻게 키울까요?

· 높이 15cm
· 햇빛 양지~반양지
· 번식 포기나누기, 종자

· 꽃 연중
· 온도 5도 이상
· 수분 다소 건조하게

· 잎 하트형~신장 모양
· 토양 중성 사질 토양
· 용도 화분, 걸이분, 지피식물

이오난사
틸란드시아 이오난사

파인애플과 상록 착생식물 | *Tillandsia ionantha*

이오난사

화분

뿌리는 나무 등에 착생하는 용도의 공중식물이다. 잎 표면의 '트리코메'라는 관 구조가 공중에 부유하는 수분과 영양분을 흡수해 성장하므로 뿌리를 제거해도 잘 자란다. 일생에 한번 꽃 필 시기가 되면 잎 상단부가 붉은색으로 변한다.

 어떻게 키울까요?

· 높이 6~17cm
· 햇빛 반양지~반그늘
· 번식 포기나누기, 종자

· 꽃 일생 1회
· 온도 10도 이상
· 수분 주 2~3회 분무

· 잎 다육질
· 토양 흙 없이 키움
· 용도 걸이분, 테라리움

아프리카나팔꽃 툰베르기아
쥐꼬리망초과 상록 덩굴식물 | *Thunbergia alata*

아프리카나팔꽃

꽃

잎

열대 아프리카, 동남아시아 원산이다. 꽃은 납작한 나팔 모양이고 색상은 흰색, 분홍색, 보라색 등이 있다. 꽃 길이는 4~7cm 정도이다. *T. alata* 품종은 덩굴성에 잎은 삼각꼴이고, *T. erecta* 품종은 관목성에 잎은 타원형이다.

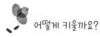 **어떻게 키울까요?**

· 높이 1.5~2.5m
· 햇빛 양지~반그늘
· 번식 꺾꽂이, 종자

· 꽃 5~10월
· 온도 15도 이상
· 수분 다소 건조하게

· 잎 삼각형~타원형
· 토양 일반 토양
· 용도 화분, 아치, 베란다

수염틸란드시아 스페니쉬모스
파인애플과 상록 덩굴식물 | *Tillandsia usneoides*

수염틸란드시아

줄기

잎

미국 남동부 원산의 착생식물이자 흙 없이 키우는 공중식물이다. 잎 길이는 6cm 내외로 체인처럼 연결된다. 나무줄기에 붙어서 공중 수분을 흡수해 성장한다. 실내에서는 매일 분무기로 뿌려주거나 일주일에 1회 물에 담갔다가 걸어놓는다.

어떻게 키울까요?

- · 높이 1~6m
- · 햇빛 양지~반양지
- · 번식 포기나누기
- · 꽃 드물게 핌
- · 온도 5~10도 이상
- · 수분 실내습도, 분무기
- · 잎 줄 모양
- · 토양 흙 없이 키움
- · 용도 걸이분

시계꽃 ^{패션후르츠 · 시계초}

시계꽃과 상록 덩굴식물 | *Passiflora coerulea*

시계꽃

열매

잎

남미 원산으로 파라과이의 국화이다. 꽃잎은 청색, 보라색, 붉은색이 있다. 필라멘트처럼 생긴 부분은 녹색 또는 노란색이다. 열매(백향과)는 길이 6cm 정도이고 녹색에서 노란색으로 익는다. 잎은 독성이 있지만 원주민들은 차로 이용한다.

 어떻게 키울까요?

· 높이 4~20m
· 햇빛 양지~반양지
· 번식 꺾꽂이, 종자

· 꽃 연중
· 온도 0~5도 이상
· 수분 보통

· 잎 손바닥 모양(갈라짐)
· 토양 일반 토양
· 용도 아치, 약용, 식용(열매, 잎)

아이비 ^{헤데라}

두릅나무과 상록 덩굴식물 | *Hedera helix*

아이비

잎

무늬 품종

유럽, 서아시아, 북아프리카 원산이다. 꽃은 늦여름에 개화하고 지름 3~5cm, 녹색이거나 노란색이다. 열매는 둥근 모양이고 독성이 있다. 잎은 3~5개로 갈라진다. 원예종은 품종에 따라 잎에 노란색이나 흰색의 얼룩 무늬가 있다.

어떻게 키울까요?

· 높이 20~30m
· 햇빛 양지~반그늘
· 번식 꺾꽂이, 물꽂이

· 꽃 드물게 핌
· 온도 5도 이상
· 수분 보통

· 잎 손바닥 모양
· 토양 유기질 토양
· 용도 화분, 걸이분, 아치, 지피

케이프아이비 저먼아이비 · 독일아이비

국화과 상록 덩굴식물 | *Delairea odorata*

케이프아이비

꽃

잎

남아프리카 원산이다. 유럽에서 흔히 기른 아이비를 닮은 식물이란 뜻에서 '저먼아이비', '독일아이비', '이태리아이비'라고도 한다. 잎은 광택이 있고 6~8개로 갈라진다. 무리지어 피는 노란색 꽃은 향기가 있다. 열매에는 관모가 있다.

 어떻게 키울까요?

- **높이** 1~6m
- **햇빛** 양지~음지
- **번식** 어린순 꺾꽂이
- **꽃** 사계절
- **온도** 5도 이상
- **수분** 보통
- **잎** 신장형(깊게 갈라진 모양)
- **토양** 산성 토양
- **용도** 화분, 아치, 걸이분, 공기정화

멕시코담쟁이

엘렌다니카 · 그레이브아이비

포도과 상록 덩굴식물 | *Cissus rhombifolia*

멕시코담쟁이

잎

줄기

멕시코, 콜롬비아, 카리브해 원산이다. 멕시코담쟁이에서 파생한 하이브리드 품종인 '엘렌 다니카'는 공기정화식물로 유명하다. 직사광선에는 잎이 타들어 가므로 여름철에는 서늘한 장소로 이동한다. 잎에 노란색이 보이면 비료를 추가한다.

 어떻게 키울까요?

· 높이 90~120cm
· 햇빛 밝은 그늘
· 번식 포기나누기

· 꽃 겨울~봄
· 온도 5~10도 이상
· 수분 보통

· 잎 단엽, 복엽
· 토양 일반 토양
· 용도 화분, 아치, 걸이분, 공기정화

클레마티스

미나리아재비과 상록 덩굴식물 | *Clematis florida*

클레마티스

꽃

잎

우리나라의 '으아리'에 속하는 식물이다. 전세계 온대지방에서 자생하며 원예종으로 개량한 품종을 '클레마티스'라고 부른다. 1860년경 유럽에서 원예종 품종이 만들어졌다. 대부분 노지월동하지만 월동이 불가능한 품종도 있다.

 어떻게 키울까요?

· **높이** 2~3m
· **햇빛** 양지
· **번식** 꺾꽂이, 종자

· **꽃** 여름, 가을
· **온도** 월동가능
· **수분** 조금 촉촉하게

· **잎** 타원형
· **토양** 석회질, 산성 토양
· **용도** 화분, 아치, 베란다

열대식물

Tropacal Plant

망고나무

옻나무과 상록 교목 | *Mangifera indica*

망고나무

꽃

열매

인도 원산이며 과일나무 중 가장 높은 30m까지 자라고 약 4천 년 전부터 재배해 왔다. 과일나무로만 알려졌지만 약용 나무로도 유명하다. 옻나무과 식물이므로 열매껍질과 접촉하면 알러지가 발생할 수도 있다. 길게 늘어진 잎이 인상적이다.

어떻게 키울까요?

- 높이 5~30m
- 햇빛 양지~밝은 그늘
- 번식 종자, 접목
- 꽃 겨울~봄
- 온도 10도 이상
- 수분 흠뻑
- 잎 피침형
- 토양 유기질 토양
- 용도 약용(어린잎), 식용(열매)

커피나무

꼭두서니과 상록 교목 | *Coffea arabica*

커피나무

꽃

열

대표적으로 두 가지 품종이 있다. 에티오피아 산 아라비카 품종과 콩고 원산의 로부스타 품종이다. 이 중 아라비카 품종이 세계 커피 생산의 70~80%를 차지한다. 실내에서 키우려면 15~24℃의 햇빛이 잘 들고 서늘해야 한다. 2~3년 차부터 꽃과 열매가 열린다.

 어떻게 키울까요?

· 높이 3~12m
· 햇빛 양지~밝은 그늘
· 번식 종자, 꺾꽂이
· 꽃 여름
· 온도 0도 이상
· 수분 흠뻑
· 잎 타원형
· 토양 유기질 토양
· 용도 화분, 베란다, 식용(열매)

파파야

파파야과 상록 교목 | *Carica papaya*

꽃

파파야

열매

남미 원산으로 잎은 길이 50~70cm이다. 수액과 미성숙 열매는 독성이 있다. 암수 딴그루이므로 꽃이 피기 전까지 암수를 구별할 수 없다. 수꽃은 짧은 줄기가, 암꽃은 안쪽에 쏙 들어간 형태이다. 열대식물 중 꽃을 쉽게 볼 수 있다.

 어떻게 키울까요?

· 높이 7~10m
· 햇빛 양지~반양지
· 번식 종자

· 꽃 사계절
· 온도 8~13도 이상
· 수분 흠뻑

· 잎 갈라진 모양
· 토양 비옥한 토양
· 용도 화분, 공기정화, 식용

포포나무

포포나무과 상록 관목 | *Asimina triloba*

포포나무

꽃

잎

북미 원산으로 '가난한 사람의 바나나'라고도 부른다. 잎 길이는 20~30cm 정도이다. 꽃은 3~5cm 정도이고 검붉은색이다. 열매는 녹색이고 길이 5~16cm의 으름 같은 열매가 열린다. 열매껍질은 독성이 있으므로 잘 벗겨내고 식용한다.

 어떻게 키울까요?

· 높이 6~15m
· 햇빛 양지~반양지
· 번식 종자, 접목

· 꽃 봄
· 온도 강원도 외 월동 가능
· 수분 보통

· 잎 타원형
· 토양 비옥한 토양
· 용도 화분, 식용(열매)

올리브나무

물푸레나무과 상록 관목 | *Olea europaea*

올리브나무

잎

열매

지중해 동부 연안인 남유럽, 서아시아, 북아프리카, 이란에서 자생한다. 역사적으로는 약 5천 년 전부터 재배했다. 열매는 올리브 식용유를 만들거나 절임으로 먹을 수 있고 잎은 차로 마신다. 평화, 지혜, 승리를 상징하는 나무로 알려져 있다.

 어떻게 키울까요?

· 높이 8~15m
· 햇빛 양지
· 번식 종자, 꺾꽂이

· 꽃 봄
· 온도 월동 가능(제주)
· 수분 보통

· 잎 피침형~직사각형
· 토양 비옥한 토양
· 용도 화분, 약용, 식용

월계수 베이 · 감람수

녹나과 상록 교목 | *Laurus nobilis*

월계수

꽃

잎

지중해 연안 원산이다. 꽃은 암수딴몸이고, 흰색이며, 봄에 개화한다. 월계수 잎(bay leaves)은 각종 요리의 향료로 사용하는데 생잎이나 건조한 잎을 사용한다. 열매에서 추출한 오일은 관절염 등에 약용하거나 욕조에 넣어 사용한다.

어떻게 키울까요?

- 높이 10~18m
- 햇빛 양지~반그늘
- 번식 종자, 꺾꽂이

- 꽃 봄
- 온도 월동 가능(남부)
- 수분 흠뻑

- 잎 타원형
- 토양 비옥한 토양
- 용도 화분, 식용(잎), 약용

아보카도

녹나무과 상록 교목 | *Persea americana*

잎

아보카도

열매

멕시코 등 중남미에서 7천 년 이전부터 재배해 왔으며, 200여 품종이 있다. 열매는 부드럽고 고소하여 '숲 속의 버터'라고도 한다. 아보카도는 열매가 남자의 고환을 닮아 붙여진 이름이다. 종자로 번식하면 보통 5~12년 뒤 열매를 볼 수 있다.

 어떻게 키울까요?

· 높이 20m
· 햇빛 양지~반그늘
· 번식 종자, 접목

· 꽃 드물게 핌
· 온도 5~10도 이상
· 수분 잠기지 않게

· 잎 타원형
· 토양 일반 토양
· 용도 화분, 공기정화, 식용(열매)

구아바

도금양과 상록 관목 | *Lotus maculatus*

꽃

구아바

열매

카리브해와 중남미 열대지역 원산이다. 원산지에서는 3~4m 높이로 자라지만 최고 9m 정도로 자란 나무도 있다. 열매는 날 것으로 식용하거나 각종 요리, 주스로 먹는다. 어린잎은 차로 우려 마신다. 종자 번식은 7~14일 뒤 발아한다.

 어떻게 키울까요?

· 높이 3~9m
· 햇빛 양지~반그늘
· 번식 종자, 꺾꽂이

· 꽃 여름
· 온도 3~10도 이상
· 수분 흠뻑

· 잎 타원형
· 토양 유기질 토양
· 용도 화분, 공기정화, 식용

유칼립투스

도금양과 상록 교목 | *Eucalyptus globulus*

유칼립투스

어린 열매

수피

호주 원산으로 높이 30~55m까지 자란다. 현존하는 가장 높은 나무는 호주에 있는데 높이 101m 정도이다. 나뭇잎에서 추출한 잎은 오일, 향수, 비누, 식용하고, 어린 잎은 차로 마신다. 세계적으로 300여 종이 있다.

어떻게 키울까요?

· 높이 30~55m
· 햇빛 양지
· 번식 종자

· 꽃 9~12월
· 온도 월동 가능(남부)
· 수분 조금 습하게

· 잎 타원형
· 토양 일반 토양
· 용도 화분, 약용(오일), 식용(잎)

둥근잎아카시아

콩과 상록 소관목 | *Acacia podalyriifolia*

꽃

둥근잎아카시아

수형

우리나라 아카시아(아까시)나무는 사실 가짜이고 진짜 아카시아 나무는 호주 원산의 *Acacia* 품종이다. 진짜 아카시아의 하나로 잎이 둥글어서 둥근잎아카시아라고 부른다. 잎은 잎자루가 변한 것으로 내부 구조는 잎자루지만 잎처럼 보인다.

 어떻게 키울까요?

· 높이 2~9m
· 햇빛 양지~반그늘
· 번식 종자, 포기나누기

· 꽃 겨울~봄
· 온도 5~7도 이상
· 수분 보통

· 잎 원형~마른모형
· 토양 일반 토양
· 용도 화분, 화단

사탕수수

벼과 여러해살이풀 | *Saccharum officinarum*

사탕수수

줄기

잎

뉴기니, 열대 아시아 원산이다. 잎은 옥수수 잎과 비슷하고 줄기는 대나무 줄기처럼 굵다. 줄기의 당분을 설탕 원료로 사용하기 위해 수많은 하이브리드 품종이 개발되었다. 잎에서도 연한 설탕 맛이 난다. 국내에서는 한해살이풀로 분류한다.

어떻게 키울까요?

· 높이 2~6m
· 햇빛 양지
· 번식 꺾꽂이

· 꽃 가을
· 온도 10도 이상
· 수분 조금 촉촉하게

· 잎 긴 줄 모양
· 토양 사질 토양
· 용도 화분, 약용, 식용

왜성바나나

삼척바나나 · 몽키바나나

파초과 상록 여러해살이풀 | *Musa acuminata*

왜성바나나

열매

잎

가정이나 카페 등에서 흔히 키우는 키 작은 바나나를 '왜성바나나'라고 부른다. 잎은 파초와 비슷하고 연하다. 바나나에 비해 추위에 강해 제주도에서 월동이 가능하다. 열매가 바나나에 비해 작기 때문에 '몽키바나나'라고도 한다.

 어떻게 키울까요?

· 높이 1.5~2.2m
· 햇빛 양지
· 번식 꺾꽂이

· 꽃 사계절
· 온도 월동 가능(제주)
· 수분 흠뻑

· 잎 긴 타원형
· 토양 비옥한 토양
· 용도 화분, 베란다, 공기정화

바나나

파초과 상록 여러해살이풀 | *Musa spp.*

바나나

꽃

열매

열대 아시아, 뉴기니 원산이다. 식용 바나나는 야생 바나나인 *Musa acuminata*와 *Musa balbisiana*에서 유래한 것으로 본다. 이것이 아프리카 등으로 퍼지면서 전세계에서 바나나를 재배하고 있다. 열매는 노란색, 빨간색, 보라색으로 익는다.

 어떻게 키울까요?

· 높이 3~9m
· 햇빛 양지~반그늘
· 번식 종자, 꺾꽂이

· 꽃 여름
· 온도 3~10도 이상
· 수분 흠뻑

· 잎 타원형
· 토양 유기질 토양
· 용도 화분, 공기정화, 식용

1. 꽃
2. 잎

플루메리아 루브라 · 알라 품종

협죽도과 낙엽/상록 관목 | *Plumeria spp.*

플루메리아

꽃

Alba 품종

중남미 열대지방, 태평양 군도 원산이다. 300여 품종이 있고 품종마다 꽃, 색깔, 잎 모양이 다르다. 꽃은 향기가 좋아 향수의 재료로 사용한다. 속명은 17세기 프랑스 식물학자인 찰스 프루미어의 이름에서 따왔다.

어떻게 키울까요?

· 높이 6~7m
· 햇빛 반그늘
· 번식 꺾꽂이, 종자

· 꽃 사계절
· 온도 12~15도 이상
· 수분 보통

· 잎 타원형
· 토양 부식질, 모래 혼합
· 용도 화분, 베란다, 공기정화

빵나무

빵나무과 상록 교목 | *Artocarpus altilis*

빵나무

잎

수피

동남아시아, 뉴기니, 남태평양 열대지역 원산이다. 잎은 길이 60~90cm로 갈라진
모양이다. 미성숙 열매는 튀기거나 구워 먹고, 성숙한 열매는 날로 먹거나 요리해
서 먹는다. 적도 정글에서 자라는 것은 원주민들의 주요 식량자원이다.

 어떻게 키울까요?

· 높이 30m
· 햇빛 양지~반그늘
· 번식 꺾꽂이, 종자

· 꽃 사계절
· 온도 8~13도 이상
· 수분 보통

· 잎 갈라진 모양
· 토양 비옥한 토양
· 용도 화분, 식용(열매)

벵갈고무나무 반얀트리 · 벵골보리수

뽕나무과 상록 교목 | *Ficus benghalensis*

벵갈고무나무

잎

수피

인도, 스리랑카, 파키스탄 원산이다. 인도에서는 힌두교와 불교 양쪽에서 신성시하고 사원을 휘감아 돌며 자라기도 한다. 현존 나무 중 가장 큰 나무는 인도에 있으며 나무 그늘에 2천 명이 피신할 수 있다. 식물체의 수액에는 약간의 독성이 있다.

 어떻게 키울까요?

· 높이 12m
· 햇빛 반그늘~밝은 그늘
· 번식 꺾꽂이, 뿌리꽂이

· 꽃 연중
· 온도 12도 이상
· 수분 보통

· 잎 타원형
· 토양 비옥한 토양
· 용도 온실, 공기정화, 약용

인도고무나무

뽕나무과 상록 교목 | *Ficus elastica*

잎

인도고무나무

무늬 품종

인도, 인도네시아 원산이다. 세계적으로 600여 품종이 있다. 잎은 타원형이고 품종에 따라 길이 10~35cm이거나 5~15cm이다. 5~6월에 줄기를 꺾어 수액을 물에 씻고 묻으면 번식된다. 고무나무의 수액은 공통적으로 약간의 독성이 있다.

 어떻게 키울까요?

· 높이 30~40m
· 햇빛 반양지~밝은 그늘
· 번식 꺾꽂이

· 꽃 사계절
· 온도 5~10도 이상
· 수분 보통

· 잎 넓은 타원형
· 토양 부식질 토양
· 용도 화분, 베란다, 공기정화

벤자민고무나무

뽕나무과 상록 교목 | *Ficus benjamina*

벤자민고무나무

열매

무늬 품종

열대 아시아, 호주 원산이다. 열대 지역에서는 흔히 가로수로 심는다. 아이보리색
무늬종 등 품종이 다양하다. 가정에서는 주로 왜성종을 기른다. 단풍이 노란색으
로 변하면 물이 부족한 줄 알고 더 관수하고 과습에 주의한다.

 어떻게 키울까요?

· 높이 10~30m
· 햇빛 반양지~밝은 그늘
· 번식 꺾꽂이, 뿌리꽂이

· 꽃 연중
· 온도 12도 이상
· 수분 보통

· 잎 타원형
· 토양 비옥한 토양
· 용도 화분, 베란다, 공기정화

알리고무나무 <small>피쿠스알리 · 알리벤자민</small>

뽕나무과 상록 교목 | *Ficus binnendijkii*

알리고무나무

잎차례

잎

필리핀, 자바 원산이다. 잎은 버드나무 잎처럼 하늘하늘 가늘고 육질이 두툼하다. 햇빛을 좋아하지만 여름 직사광선은 차광한다. 수분은 벤자민고무나무에 비해 조금 더 공급하고 미지근한 물로 관수한다. 벤자민고무나무에 비해 키우기 쉽다.

 어떻게 키울까요?

- 높이 1~3m
- 햇빛 양지~반그늘
- 번식 꺾꽂이, 종자

- 꽃 연중
- 온도 7~12도 이상
- 수분 보통

- 잎 피침형
- 토양 부식질 토양
- 용도 화분, 베란다, 공기정화

관음죽

야자나무과 상록 관목 | *Rhapis excelsa*

관음죽

꽃

무늬 품종

중국, 대만 원산으로 야자나무 중에서 가장 작고 이국적인 모습을 풍긴다. 일본 관음산에서 자라는 대나무라 하여 붙여진 이름이고 일본 황실에서도 많이 키웠다. 잎은 5~7갈래로 갈라진 긴 손바닥 모양이다. 개업선물로 인기 있다.

 어떻게 키울까요?

· 높이 1~4m
· 햇빛 밝은 그늘
· 번식 포기나누기

· 꽃 봄~여름
· 온도 10도 이상
· 수분 보통

· 잎 손바닥 모양
· 토양 배양토, 모래 혼합
· 용도 화분, 베란다, 공기정화

테이블야자

야자나무과 상록 관목 | *Chamaedorea elegans*

테이블야자

꽃차례

잎

멕시코, 엘살바도르, 과테말라의 열대우림 원산이다. 영국 빅토리아 시대에 왕실 관엽식물로 인기를 얻었고 미국 남부지방에서 흔히 키운다. 성장 속도는 더딘 편이다. 원산지에서는 꽃차례를 식용하기도 한다.

어떻게 키울까요?

- 높이 2~3m
- 햇빛 반그늘~그늘
- 번식 종자, 포기나누기

- 꽃 연중
- 온도 10도 이상
- 수분 다소 적게

- 잎 깃꼴
- 토양 일반 토양
- 용도 화분, 공기정화

아레카야자 ^{황야자}

야자나무과 상록 관목 | *Chrysalidocarpus lutescens*

잎

아레카야자나무

줄기

마다가스카르 원산이다. 잎은 깃꼴이고 40~60쌍이다. 잎이 황색으로 변하고 또 노란색 줄기 때문에 '황야자'라고도 부른다. 성숙한 줄기는 대나무를 닮았다. 잎은 연한 색으로 광택이 나며 가습 효과가 뛰어나 천연 가습기라도 한다.

 어떻게 키울까요?

- 높이 3~12m
- 햇빛 반그늘~밝은 그늘
- 번식 포기나누기, 종자
- 꽃 늦봄~초여름
- 온도 13도 이상
- 수분 보통
- 잎 깃꼴
- 토양 비옥한 토양
- 용도 화분, 실내, 공기정화

피닉스야자

야자나무과 상록 관목 | *Phoenix roebelenii*

피닉스야자

꽃

잎

서남아시아, 중국 원산이다. 성장 속도는 더딘 편이다. 꽃차례는 길이 45cm 정도의 크림색 빗자루 모양이고 열매는 지름 1cm 정도이다. 다른 야자나무에 비해 잎이 좁고 세밀하다. 잎 아래에는 날카로운 가시가 있다.

 어떻게 키울까요?

· 높이 2~3m
· 햇빛 양지~밝은 그늘
· 번식 종자

· 꽃 사계절
· 온도 월동 가능(제주)
· 수분 보통

· 잎 깃꼴
· 토양 일반 토양
· 용도 화분, 실내, 공기정화

비로야자

야자나무과 상록 관목 | *Livistona chinensis*

비로야자

잎

잎자루

대만, 남중국해, 일본 원산이다. 성장 속도는 느리고 잎은 부챗살의 프라이팬 모양이다. 원산지에서는 높이 9~15m로 자라지만 가정에서는 키가 작은 왜성종을 키운다. 크림색 꽃은 연중 반복해서 핀다.

 어떻게 키울까요?

· 높이 9~15m
· 햇빛 양지~밝은 그늘
· 번식 포기나누기, 종자

· 꽃 연중
· 온도 5~10도 이상
· 수분 보통

· 잎 부챗살 모양
· 토양 일반 토양
· 용도 화분, 실내, 공기정화

공작야자

야자나무과 상록 관목 | *Caryota mitis*

공작야자

열매

잎

인도네시아, 미얀마, 필리핀 원산이다. 잎은 1.5~3m 정도의 깃꼴이고, 공작새의 꼬리를 닮았다 하여 '공작야자'라고 부른다. 원주민들이 잎을 부싯깃으로 사용한 기록이 있다. 수액과 열매는 독성이 있으므로 식용할 수 없다.

 어떻게 키울까요?

- · 높이 8~15m
- · 햇빛 반그늘
- · 번식 종자, 포기나누기

- · 꽃 3~5월
- · 온도 8~10도 이상
- · 수분 보통

- · 잎 2회 갈라진 모양
- · 토양 일반 토양
- · 용도 화분, 실내, 공기정화

대왕야자

야자나무과 상록 관목 | *Roystonea oleracea*

대왕야자

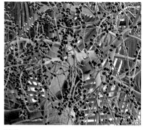

열매

잎

카리브해의 도미니카, 쿠바, 소앤틸리스 제도, 베네수엘라 원산이다. 수피는 매끈한 회색이고, 성장 속도는 매우 빠르다. 보통 12~20m 정도로 자라지만 더러는 40m까지 자라기도 한다. 자생지의 원주민들은 꽃차례를 식용한다.

 어떻게 키울까요?

· 높이 12~20m
· 햇빛 양지~반그늘
· 번식 종자

· 꽃 여름
· 온도 5~10도 이상
· 수분 보통

· 잎 깃꼴
· 토양 비옥한 중성 토양
· 용도 실내, 식용(꽃차례)

워싱톤야자

야자나무과 상록 관목 | *Washingtonia filifera*

열매

공작야자

잎

미국 캘리포니아, 플로리다, 멕시코 원산이다. 원산지에서는 25m 정도로 자란다. 다양한 품종이 있으며 *Washingtonia* 속에 속하는 야자나무를 전부 워싱턴야자라고 부른다. 월동 온도는 2도 내외로 제주도와 남부 도서지방에서 월동한다.

 어떻게 키울까요?

· 높이 15~27m
· 햇빛 양지
· 번식 꺾꽂이, 포기나누기
· 꽃 연중
· 온도 월동 가능(제주)
· 수분 조금 촉촉하게
· 잎 부챗살 모양
· 토양 비옥한 토양
· 용도 정원, 온실, 공기정화

코코스야자 코코넛야자

야자나무과 상록 교목 | *Cocos nucifera*

왜성종

코코스야자

잎

말레이 제도 원산이며 전세계 열대지방에서 자란다. 열매를 '코코넛'이라고 부른다. 잎은 길이 4~6m 정도이고 작은 잎은 60~90cm 정도이다. 키 큰 품종과 왜성종이 있다. 번식은 껍질을 벗긴 열매를 온실에서 흙에 묻으면 된다.

어떻게 키울까요?

· **높이** 15~30m
· **햇빛** 양지
· **번식** 완전히 익은 종자

· **꽃** 여름~가을
· **온도** 월동 가능(제주)
· **수분** 보통

· **잎** 깃꼴
· **토양** 비옥한 토양
· **용도** 온실, 공기정화, 식용(열매)

당종려나무

야자나무과 상록 관목 | *Trachycarpus fortunei*

당종려나무

잎

꽃

일본 원산의 종려나무와 달리 중국 아열대 원산이다. 일본 종려나무와 똑같지만
잎자루 길이와 잎 크기가 조금 다르다. 줄기는 섬유질 층이 있다. 잎은 손바닥 모
양이고 길이 140~190cm이다. 야자나무과 식물 중 추위에 강한 품종이다.

어떻게 키울까요?

· 높이 6~15m
· 햇빛 반그늘
· 번식 종자

· 꽃 봄
· 온도 월동 가능(남부)
· 수분 보통

· 잎 손바닥 모양
· 토양 일반 토양
· 용도 화분, 정원, 공기정화

행운목 드라세나 프라간스 맛상게아나

백합과 상록 교목 | *Dracaena fragrans*

행운목

꽃

잎

열대 동남부 아프리카 원산이다. 행운목이라는 이름은 꽃이 필 때 행운이 온다고 해서 붙었다. 실내에서 키울 경우 보통 늦봄에 꽃을 볼 수 있다. 꽃은 연한 향기가 있다. 잎은 옥수수잎처럼 넓다. 여름 직사광선에 취약하므로 차광한다.

 어떻게 키울까요?

- · 높이 15m
- · 햇빛 반그늘
- · 번식 꺾꽂이, 휘묻이

- · 꽃 늦봄
- · 온도 15도 이상
- · 수분 흠뻑

- · 잎 넓은 칼 모양
- · 토양 배양토+마사토
- · 용도 화분, 베란다, 공기정화

드라세나 데리멘시스 와네키

백합과 상록 관목 | *Dracaena deremensis*

드라세나 와네키

수형

잎

열대 아프리카 원산의 원예종이다. 물을 많이 주면 잎이 떨어지므로 약간 건조하게 관수한다. 실내에서 키우려면 신문을 읽는 데 지장 없는 정도의 채광이면 잘 자란다. 새 잎이 점점 좁아지면 조명이 약한 상태이다.

어떻게 키울까요?

· 높이 1~4m
· 햇빛 반그늘
· 번식 꺾꽂이

· 꽃 드물게 핌
· 온도 12~15도
· 수분 보통

· 잎 좁고 긴 모양
· 토양 배양토
· 용도 화분, 거실, 공기정화

드라세나 마지나타

백합과 상록 교목 | *Dracaena marginata*

드라세나 마지나타

잎차례

잎

마다가스카르 원산이다. 드라세나 품종 중에서 가장 인기 있는 관엽식물이다. 잎의 가장자리는 붉은색이고 성장 속도는 더디다. 꽃은 봄에 피고, 10년 정도 성장한 나무에서나 볼 수 있다. 수분은 보통 또는 약간 건조하게 관수한다.

 어떻게 키울까요?

- · 높이 5m
- · 햇빛 양지~반음지
- · 번식 꺾꽂이

- · 꽃 봄
- · 온도 7~10도 이상
- · 수분 조금 건조하게

- · 잎 긴 줄 모양
- · 토양 배양토+마사토
- · 용도 화분, 거실, 공기정화

드라세나 **콘시나**

백합과 상록 관목 | *Dracaena concinna*

드라세나 콘시나

꽃

잎

마다가스카르, 모리셔스 원산이다. 모리셔스에서는 멸종위기 식물이다. 잎은 60cm 정도로 길고 창끝 모양이다. 여름 직사광선은 차광한다. 잎이 축 처지면 수분을 조금 더 공급한다. 다른 드라세나 품종에 비해 구하기가 어렵다.

 어떻게 키울까요?

- · 높이 4~7m
- · 햇빛 반그늘
- · 번식 종자
- · 꽃 여름
- · 온도 12~15도 이상
- · 수분 보통
- · 잎 넓은 칼 모양
- · 토양 비옥한 토양
- · 용도 베란다, 거실, 공기정화

드라세나 리플렉사

백합과 상록 교목 | *Dracaena reflexa*

드라세나 리플렉사

잎

꽃

마다가스카르, 모리셔스, 인도양 연안 원산이다. 여러 가지 품종이 있고 대표적인
품종이 '송 오브 인디아'이다. 드라세나 마지나타처럼 인기 있는 관엽식물로 꼽힌
다. 원산지의 원주민들은 약용하거나, 건조한 잎을 차로 마신다.

 어떻게 키울까요?

· 높이 4~6m
· 햇빛 그늘~밝은 그늘
· 번식 꺾꽂이, 휘묻이

· 꽃 겨울
· 온도 15도 이상
· 수분 보통

· 잎 칼 모양
· 토양 비옥한 토양
· 용도 화분, 거실, 공기정화

드라세나 트리칼라

백합과 상록 관목 | Dracaena concinna

드라세나 트리칼라

레몬라임 품종

빅토리아 품종

트리칼라는 '드라세나 콘시나'의 하이브리드종, 레몬라임은 '드라세나 데레멘시스'
의 하이브리드종, 빅토리아는 '드라세나 프라간스'의 하이브리드종이다. 모두 잎에
여러 변이를 준 품종들이다. 트리칼라와 레몬라임 품종은 비교적 구하기가 쉽다.

 어떻게 키울까요?

· 높이 1~7m
· 햇빛 반그늘~밝은 그늘
· 번식 꺾꽂이

· 꽃 연중
· 온도 12~15도 이상
· 수분 보통

· 잎 긴 칼 모양
· 토양 비옥한 토양
· 용도 화분, 베란다, 공기정화

소철

소철과 상록 관목 | *Cycas revoluta*

소철

암꽃

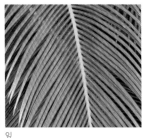

잎

이국적인 수형을 갖춘 관목으로 줄기 없이 잎이 곧게 뻗어 자라고 암수딴그루이다. 성장 속도는 더디며 전초에 독성이 있다. 특히 씨앗에 독성이 많다. 노란색으로 시든 잎은 빨리 제거한다. 번식은 새끼 알뿌리를 떼어내어 심는다.

 어떻게 키울까요?

- · 높이 1~7m
- · 햇빛 양지~반그늘
- · 번식 종자, 새끼알뿌리

- · 꽃 연중
- · 온도 월동 가능(남부)
- · 수분 보통

- · 잎 깃꼴
- · 토양 유기질, 사질 토양
- · 용도 정원, 베란다, 공기정화

346

멕시코소철

소철과 상록 관목 | *Zamia furfuracea*

멕시코소철

멕시코, 자메이카 원산이다. 원산지에서는 바닷가 모래밭이나 평야 지대에서 자생한다. 잎 길이는 50~150cm이다. 잎은 작은 잎이 6~15쌍씩 달린다. 소철에 비해 잎이 둥글고 넓다. 전초에 유독 성분이 있으므로 함부로 섭취하지 않도록 주의한다.

 어떻게 키울까요?

- 높이 1.5m
- 햇빛 양지~밝은 그늘
- 번식 종자
- 꽃 드물게 핌
- 온도 10도 이상
- 수분 약간 건조하게
- 잎 둥글고 넓은 깃꼴
- 토양 중성의 사질 토양
- 용도 화분, 베란다

347

덕구리란 <small>술병란 · 돗쿠리란</small>

<small>백합과 상록 관목 | *Beaucarnea recurvata*</small>

덕구리란

잎차례

잎

멕시코 남부 반사막 지대 원산이다. 원산지에서는 10m 높이로 자라지만 원예용은 높이 2m로 자란다. 잎 길이는 2m로 비교적 길다. 꽃은 오래 산 나무에서만 볼 수 있다. 뿌리 쪽 둥근 곳에는 수분을 저장하고 있고, 성장 속도는 더딘 편이다.

어떻게 키울까요?

· **높이** 2~10m
· **햇빛** 양지~밝은 그늘
· **번식** 종자, 포기나누기

· **꽃** 드물게 핌
· **온도** 10도 이상
· **수분** 약간 건조하게

· **잎** 긴 칼 모양
· **토양** 비옥한 토양
· **용도** 화분, 실내, 공기정화

미인수

아욱과 활엽 교목 | *Ceiba speciosa*

미인수

잎

수피

파라과이, 우루과이, 아르헨티나, 브라질 원산이다. 나무줄기는 볼록한 병 모양이고 수피에 도깨비 뿔처럼 뾰족한 가시가 박혀있다. 꽃은 무궁화꽃과 비슷하고 온실에서는 봄에 핀다. 열매는 솜을 만들며, 씨앗에서 추출한 오일은 식용한다.

어떻게 키울까요?

· 높이 9~25m
· 햇빛 양지~반그늘
· 번식 종자

· 꽃 드물게 핌
· 온도 5~10도 이상
· 수분 보통

· 잎 손바닥 모양
· 토양 비옥한 토양
· 용도 화분, 온실, 식용(씨앗)

바오밥나무

아욱과 상록 교목 | *Adansonia digitata*

바오밥나무

수형

잎

사하라사막 이남 아프리카 원산이며 사바나 지대에서 홀로 자란다. 생텍쥐페리 『어린 왕자』에 소개된 신비한 나무로 1,000년 이상 된 나무가 많고 뿌리는 나무 키의 4배 이상이다. 꽃은 흰색~노란색이고 열매는 15~20cm 길이의 타원형이다.

 어떻게 키울까요?

· 높이 20m
· 햇빛 양지~반그늘
· 번식 종자

· 꽃 겨울
· 온도 10~13도 이상
· 수분 약간 건조하게

· 잎 피침형~타원형
· 토양 부식질 사질 토양
· 용도 온실

아라우카리아
호주삼나무

아라우카리아과 침엽 교목 | *Araucaria heterophylla*

아라우카리아

잎

수피

뉴질랜드, 뉴 칼레도니아 원산이며 세계 3대 경관수로 꼽힌다. 바람에 약하므로 지주대가 필요하다. 잎은 바늘 모양이며 부드럽다. 빛이 부족하거나 추우면 잎이 시들므로 밝고 따뜻한 장소로 옮긴다. 4~5월에 꺾꽂이로 번식한다.

어떻게 키울까요?

· **높이** 30~60m
· **햇빛** 양지~반그늘
· **번식** 종자, 꺾꽂이

· **꽃** 드물게 핌
· **온도** 10도 이상
· **수분** 조금 촉촉하게

· **잎** 바늘 모양
· **토양** 산성 토양
· **용도** 화분, 베란다, 공기정화

나비목 바우히니아 · 난초나무

콩과 낙엽 활엽 교목 | *Gleditsia japonica*

나비목

꽃

잎

국내 식물원에서 볼 수 있는 나비목은 대부분 동남아시아 원산의 *G. japonica* for. *inarmata* 품종으로 홍콩의 시화이기도 하다. 꽃은 분홍색과 흰색으로 피고 잎 모양이 나비를 닮았다. 24시간 물에 담가 둔 씨앗을 봄에 온실에서 파종한다.

 어떻게 키울까요?

· 높이 12~20m
· 햇빛 양지~반그늘
· 번식 종자
· 꽃 연중
· 온도 0도 이상
· 수분 보통
· 잎 나비 날개 모양
· 토양 비옥한 토양
· 용도 베란다, 약용, 식용

강냉이나무 ^{팝콘카시아나무}

콩과 낙엽 활엽 관목 | *Cassia didymobotry*

꽃

강냉이나무

잎차례

동아프리카 열대지역 원산으로 열대 아시아, 북미로 귀화했다. 약간의 독성이 있다. 꽃과 잎에서 땅콩버터(팝콘) 냄새가 난다고 하여 서구권에서는 '땅콩버터카시아나무'라고 부른다. 잎은 타원형에 달걀 모양이며 8~18쌍의 작은 잎이 붙어있다.

 어떻게 키울까요?

· 높이 5~9m
· 햇빛 양지
· 번식 종자

· 꽃 연중
· 온도 5~10도 이상
· 수분 보통

· 잎 타원형 달걀 모양
· 토양 비옥한 토양
· 용도 화분, 베란다

인디고 트루인디고

콩과 낙엽 활엽 관목 | *Indigofera tinctoria*

인디고

꽃

잎

열대 아시아, 열대 아프리카 원산으로 여러 지역에 귀화하여 원산지 구분이 무색하다. 잎에서 인디고(쪽빛, 파란색) 염료를 추출하는 식물로 유명하다. 꽃은 싸리꽃과 비슷하고 붉은색, 보라색 꽃이 핀다. 봄에 종자를 파종해 번식한다.

어떻게 키울까요?

- 높이 1~2m
- 햇빛 양지~반그늘
- 번식 종자

- 꽃 봄, 여름
- 온도 10도 이상
- 수분 보통

- 잎 깃꼴
- 토양 약 산성 사질 토양
- 용도 화분, 베란다, 약용(잎)

홍두화

황금목 · 닭벼슬나무

콩과 낙엽 활엽 관목 | *Erythrina crista*

홍두화

꽃차례

꽃

남미 원산이며 아르헨티나, 우루과이, 페루의 국화이다. 입술 모양의 붉은색 꽃은
자태가 우아하고 닭벗을 닮아 닭벼슬나무라고도 부른다. 열매는 꼬투리 모양이다.
묘목은 촉촉하게 관수한다. 식물체에 약간의 독성 및 마취성분이 있다.

어떻게 키울까요?

· 높이 5~9m   · 꽃 4~10월   · 잎 달걀형~타원형
· 햇빛 양지   · 온도 월동 가능(남부)   · 토양 일반 토양
· 번식 종자, 꺾꽂이   · 수분 보통   · 용도 화분, 베란다, 약용(잎)

그레빌레아 _{스파이더 플라워}

프로테아과 낙엽 활엽 관목 | *Grevillea bipinnatifida*

그레빌리아

붉은색 품종

흰색 품종

호주 서부 원산으로, 국내에 보급된 것은 거의 하이브리드 품종이다. 꽃이 거미를 닮아 스파이더 플라워(Spider Flower)라고도 부른다. 꽃차례 길이는 15cm, 꽃 색은 품종에 따라 붉은색, 주황색, 흰색의 꽃이 핀다. 꿀이 많아서 밀원식물로도 활용한다.

 어떻게 키울까요?

· **높이** 0.3~2m
· **햇빛** 양지~반그늘
· **번식** 꺾꽂이

· **꽃** 여름, 가을 겨울
· **온도** 5~10도 이상
· **수분** 보통

· **잎** 깃꼴
· **토양** 일반 토양
· **용도** 화분, 베란다, 정원

함소화 ^{피고초령목 · 미켈리아}

목련과 상록 관목 | *Michelia figo*

함소화

수형

잎

중국 원산으로 '피고초령목'으로도 부른다. 근연종으로 제주도, 홍도, 동남아시아, 중국, 일본에서 자생하는 '초령목'이 있다. 은은한 바나나 향이 나는 크림색의 꽃은 목련과 식물답게 작은 목련꽃처럼 핀다. 함소화는 '미소를 머금다'는 뜻이다.

어떻게 키울까요?

· 높이 3~4m
· 햇빛 반양지
· 번식 꺾꽂이

· 꽃 3~4월
· 온도 5도 이상
· 수분 보통

· 잎 타원형
· 토양 비옥한 산성 토양
· 용도 화분, 베란다, 공기정화

아라리아
아랄리아 · 디지코데카

두릅나무과 상록 관목 | *dizygotheca elegantissima*

아라리아

잎

수피

뉴 칼레도니아, 폴리네시아 원산이다. 짙푸른 톱니처럼 생긴 잎은 6~10개의 작은 잎이 우산 모양으로 붙어있다. 꽃은 늦가을~겨울 사이에 녹색으로 핀다. 테라리움 으로 키우면 우산 모양의 잎이 멋진 풍경을 만들어주므로 관상 효과가 크다.

 어떻게 키울까요?

· 높이 7~12m
· 햇빛 반양지~밝은 그늘
· 번식 꺾꽂이, 종자

· 꽃 드물게 핌
· 온도 13~18도 이상
· 수분 흠뻑

· 잎 피침형(톱니)
· 토양 부엽질 토양
· 용도 화분, 실내, 테라리움

후쿠시아 ^{수령초}

바늘꽃과 상록 관목 | *Fuchsia hybrida*

꽃

잎

후쿠시아

도미니카 등의 카리브해 원산이다. 아래를 향해 피는 꽃 모양이 마치 화려한 모양의 귀걸이를 닮았다. 18세기경 카리브해의 후쿠시아가 영국에 전래하면서 유럽에 알려졌다. 품종에 따라 꽃 색상과 모양이 눈에 띄게 달라진다.

 어떻게 키울까요?

- 높이 2~4m
- 햇빛 반양지~그늘
- 번식 꺾꽂이

- 꽃 4~7월
- 온도 5~7도 이상
- 수분 보통

- 잎 달걀 모양
- 토양 비옥한 토양
- 용도 화분, 베란다, 걸이분

티보치나 ^{얼벌리나}

산석류과 상록 관목 | *Tibouchina urvilleana*

티보치나 꽃

수형

잎

브라질 원산이다. 높이 4m, 반경 5m 내외로 퍼지면서 자란다. 꽃 지름은 8~13cm이고 색상은 화려해보이는 보라색이다. 꽃은 연중 간헐적으로 개화하고, 잎에는 골이 있다. 영어로는 'Princess flower'라고 한다.

 어떻게 키울까요?

· 높이 1~4m
· 햇빛 양지~반그늘
· 번식 꺾꽂이

· 꽃 연중
· 온도 7~10도 이상
· 수분 흠뻑

· 잎 타원형
· 토양 비옥하고 습한 토양
· 용도 화분, 베란다

훼이조아 ^{파인애플 구아바}

파인애플 구아바

도금양과 상록 관목 | *Acca sellowiana*

꽃

잎

훼이조아

우루과이, 콜롬비아, 브라질, 아르헨티나 원산이다. 지름 4cm의 꽃은 바깥쪽은 흰색이고 안쪽은 빨간색으로 매혹적이다. 아보카도를 닮은 맛있는 열매 때문에 대규모로 경작된다. 성장 속도는 더디나 추위에 강해 남부지방에서도 재배한다.

 어떻게 키울까요?

· 높이 1~7m
· 햇빛 양지~반그늘
· 번식 꺾꽂이, 종자

· 꽃 봄~여름
· 온도 월동 가능(제주)
· 수분 보통

· 잎 타원형
· 토양 일반 토양
· 용도 화분, 베란다, 식용

병솔나무 병솔꽃나무 · 칼리스테몬

도금양과 상록 관목 | *Callistemon spp.*

병솔나무

꽃

잎

호주 원산이며 40여 근연종이 있다. 몇몇 종은 높이 15m까지 자란다. 꽃차례의 길이는 6~10cm 정도이고 품종에 따라 붉은색, 흰색, 노란색, 녹색, 오렌지색 꽃이 핀다. 햇빛을 좋아하므로 여름에는 직사광선으로 옮긴다. 잎은 향기가 있다.

 어떻게 키울까요?

· 높이 1~3m
· 햇빛 양지
· 번식 꺾꽂이, 종자

· 꽃 봄~늦여름
· 온도 7~10도 이상
· 수분 다소 건조하게

· 잎 선형~피침형
· 토양 부엽질 토양
· 용도 화분, 베란다

허브

Herb

라벤더 <small>스위트 라벤더</small>

꿀풀과 상록 소관목 | Lavandula x Heterophylla

라벤더 꽃

전초

잎

교잡종 라벤더 품종이다. 지중해 연안 프랑스, 이탈리아 등에서 자란다. 멘솔 함량이 높고 방향성이 좋아 아로마테라피 용으로 적당하다. 건조시켜 가루 낸 잎을 맛내기나 차로 사용하기도 한다. 식용, 약용, 포푸리, 향료, 비누 제조에 사용한다.

 어떻게 키울까요?

· 높이 6~120cm
· 햇빛 양지
· 번식 꺾꽂이, 분주
· 꽃 연중
· 온도 5도 이상
· 수분 조금 건조하게
· 잎 결각
· 토양 비옥한 토양
· 용도 화분, 암석정원, 아로마

피나타 라벤더

레이스 라벤더

꿀풀과 상록 소관목 | *Lavandula pinnata*

피나타라벤더

꽃

잎

카나리아와 마데이라 제도 원산이며 지중해 연안에 분포한다. 잎은 마치 레이스 같다고 하여 레이스 라벤더라고도 부른다. 쑥잎이나 고사리잎처럼 갈라져 있고 꽃 향기는 약한 편이다. 오일 등을 포푸리, 향료, 비누 제조 등에 사용한다.

 어떻게 키울까요?

· 높이 30~90cm
· 햇빛 양지
· 번식 꺾꽂이, 분주

· 꽃 6~9월
· 온도 5~10도 이상
· 수분 보통

· 잎 깃꼴
· 토양 비옥한 토양
· 용도 화분, 암석정원, 포푸리

프렌치 라벤더 _{스페니쉬 라벤더}

꿀풀과 상록 소관목 | *Lavandula stoechas*

스페니쉬 라벤더

꽃

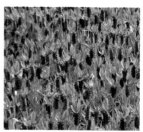

군락

지중해 연안 원산으로 화려하게 보이는 꽃은 보라색, 흰색 등이 있다. 번식력이 좋고 스페인에서는 잡초처럼 취급한다. 살균력이 강해 목욕제로 사용한다. 말린 꽃은 포푸리, 목욕제로 사용한다. 해외에서는 스페니쉬 라벤더로 알려져 있다.

 어떻게 키울까요?

- · 높이 30~100cm
- · 햇빛 양지
- · 번식 꺾꽂이

- · 꽃 2회
- · 온도 5~10도 이상
- · 수분 보통

- · 잎 피침형
- · 토양 비옥한 토양
- · 용도 화분, 약용, 목욕제

플렉트란서스

케이프 라벤더 · 해피블루

꿀풀과 상록 소관목 | P. 'Mona Lavender'

꽃

잎

플렉트란서스 모나 라벤더

1990년대 후반 남아공화국 커스텐보시 국립식물원에서 육성한 하이브리드 품종이며 세계적으로 히트쳤다. 정식학명은 *Plectranthus spp.* '*Mona Lavender*'이며 '숙근샐비어'라고도 한다. 연중 심을 수 있고 베란다에서 월동할 수 있다.

 어떻게 키울까요?

· 높이 30~70cm
· 햇빛 반그늘
· 번식 꺾꽂이, 종자

· 꽃 연중
· 온도 5~10도 이상
· 수분 보통

· 잎 깃꼴
· 토양 비옥한 토양
· 용도 화분, 베란다

체리세이지

꿀풀과 관목성 | *Salvia greggii*

체리세이지

전초

잎

미국 남부, 멕시코 원산이며 다양한 하이브리드 품종이 있다. 치유와 회복의 의미를 가진 체리향 허브식물로서 꽃은 분홍색, 보라색, 주황색, 오렌지, 흰색이 있다. 잎은 달걀형~타원형이고 원산지에서는 상록성이지만 국내에서는 낙엽이 진다.

어떻게 키울까요?

· 높이 1~4m
· 햇빛 양지~반그늘
· 번식 꺾꽂이, 종자

· 꽃 가을
· 온도 월동 가능(남부)
· 수분 보통

· 잎 달걀형~타원형
· 토양 일반 토양
· 용도 화분, 암석정원, 식용(꽃)

파인애플세이지

꿀풀과 관목성 여러해살이풀 | *Salvia elegans*

파인애플세이지

꽃

잎

멕시코 원산으로 꽃과 잎에서 파인애플 향이 난다고 해서 '파인애플세이지'라고
부른다. 식용 꽃으로 알려져 잎은 샐러드나 차로 식용하며 파인애플 향으로 육소
기의 풍미를 더한다. 추위에 약해 온화한 기후에서 키워야 잘 자란다.

 어떻게 키울까요?

· 높이 1~2m
· 햇빛 양지
· 번식 꺾꽂이

· 꽃 가을
· 온도 5~10도 이상
· 수분 약간 적게

· 잎 긴 타원형
· 토양 일반 토양
· 용도 화분, 약용, 식용(꽃, 잎)

블루세이지

꿀풀과 관목성 여러해살이풀 | Salvia longispicata x farinacea

블루세이지

전초

잎

멕시코 원산으로 많은 하이브리드 품종이 있다. 인기 품종은 미스틱 계열의 하이브리드 품종인 Salvia longispicata x farinacea이고 국내에 보급된 것도 대개 이 품종이다. 향신료 등 약초로 사용하거나 말려서 장식용으로 활용한다.

 어떻게 키울까요?

· 높이 1.5m
· 햇빛 양지~반그늘
· 번식 종자, 포기나누기

· 꽃 여름~가을
· 온도 5~10도 이상
· 수분 보통

· 잎 달걀형~타원형
· 토양 유기질 토양
· 용도 화분, 베란다

멕시칸세이지

멕시칸부시세이지

꿀풀과 관목성 여러해살이풀 | *Salvia leucantha*

꽃

잎

멕시칸세이지

멕시코와 남미 원산이다. 꽃은 청색이나 보라색이며 원예종은 흰색인 경우도 있다. 보라색 꽃받침에 솜털이 있고 흰색 꽃이 핀다. 잎은 벨벳처럼 부드러운 질감이 있어 쉽게 구별할 수 있다. 로즈마리, 라벤더와 함께 심으면 화단이 더욱 풍성하다.

어떻게 키울까요?

· 높이 1.3~2m
· 햇빛 양지~반그늘
· 번식 꺾꽂이, 종자

· 꽃 가을
· 온도 월동 가능(남부)
· 수분 보통

· 잎 긴 타원형
· 토양 일반 토양
· 용도 화분, 베란다

로즈마리

꿀풀과 관목성 여러해살이풀 | *Rosmarinus officinalis*

로즈마리

꽃

전초

지중해 연안 원산이다. 꽃은 여름에 피지만 온실에서는 연중 핀다. 꽃 색상은 보라색, 파란색, 연분홍색 등이 있다. 잎은 향긋한 향기가 나고, 건조한 잎은 각종 향료로 사용한다. 약용할 경우 살균, 집중력, 기억력 회복 등에 좋다.

 어떻게 키울까요?

· **높이** 1~2m
· **햇빛** 양지~반그늘
· **번식** 종자, 꺾꽂이

· **꽃** 연중
· **온도** 0~5도 이상
· **수분** 보통

· **잎** 바늘 모양
· **토양** 비옥한 토양
· **용도** 화분, 약용, 식용, 포푸리

애플민트

꿀풀과 여러해살이풀 | *Mentha suaveolens*

꽃

잎

애플민트

남서유럽, 지중해 연안 원산이다. 꽃은 늦여름에 피고 밝은 보라색이다. 잎은 둥근 직사각형이다. 아주 추운 지방을 제외하고는 전국에서 월동한다. 잎에서 상큼한 박하향과 사과향이 나며 음식의 향신료로 사용하거나 차로 마신다.

 어떻게 키울까요?

· 높이 40~100cm
· 햇빛 양지~반그늘
· 번식 꺾꽂이, 분주

· 꽃 늦여름
· 온도 월동 가능
· 수분 보통

· 잎 달걀형~직사각형
· 토양 비옥한 토양
· 용도 화분, 약용 식용

스피아민트

꿀풀과 여러해살이풀 | *Mentha spicata*

꽃

스피아민트

잎

원산지는 정확하지 않으나 유럽, 서아시아 등에 많이 분포한다. 종명의 *Spear*는 잎 끝이 창처럼 뾰족하다고 해서 붙었다. 가루 낸 잎은 향신료, 껌, 젤리, 차로 사용한다. 다른 민트류에 비해 향이 연하며 보통 꽃이 피기 전에 잎을 식용한다.

 어떻게 키울까요?

· 높이 30~100cm
· 햇빛 양지~반그늘
· 번식 꺾꽂이

· 꽃 늦여름
· 온도 월동 가능
· 수분 보통

· 잎 달걀 모양
· 토양 비옥한 토양
· 용도 화분, 약용, 식용

페퍼민트

꿀풀과 여러해살이풀 | *Mentha x species*

꽃

잎

페퍼민트

유럽에서 자생한다. 워터민트와 스피아민트의 하이브리드 품종이지만 발견 초기에는 독립종으로 취급하였다. 잎은 긴 타원형이고 끝부분이 뾰족하다. 꽃은 공처럼 둥글게 모여 달린다. 잎은 다른 민트류와 마찬가지로 식용한다.

 어떻게 키울까요?

· 높이 30~90cm
· 햇빛 양지~반그늘
· 번식 꺾꽂이, 물꽂이

· 꽃 늦여름
· 온도 월동 가능
· 수분 보통

· 잎 긴 타원형
· 토양 비옥한 토양
· 용도 화분, 베란다, 약용, 식용

베르가못 ^{벨가못}

꿀풀과 여러해살이풀 | *Monarda didyma*

베르가못

분홍색 품종

붉은색 품종

북미 원산으로 피침형의 잎은 마주나며 향기가 난다. 줄기 끝에서 입술 모양 꽃이 빨간색 또는 분홍색으로 둥글게 핀다. 베르가못 오일과는 관계 없는 식물이지만 잎을 향신료나 차로 음용할 수 있다. 수분은 절대 건조하지 않게 관리한다.

 어떻게 키울까요?

· **높이** 70~150cm
· **햇빛** 양지~반그늘
· **번식** 종자, 포기나누기

· **꽃** 6~9월
· **온도** 월동 가능
· **수분** 보통

· **잎** 난상 피침형
· **토양** 유기질 토양
· **용도** 화분, 약용, 절화, 포푸리

바질 ^{스위트바질}

바질 ^{스위트바질}

꿀풀과 한해살이풀 | *Ocimum basilicum*

바질

꽃

잎

인도와 열대 아시아 원산으로 약용 및 요리용 향신료 식물로 유명하다. 향신료로 사용하려면 꽃 피기 전에 잎을 수확해 사용한다. 일반적으로 바질(스위트바질)은 이탈리아 요리, 그 외 품종은 인도, 태국 같은 아시아 요리의 향신료로 사용한다.

어떻게 키울까요?

· 높이 60~90cm
· 햇빛 양지~반그늘
· 번식 종자

· 꽃 여름~가을
· 온도 월동 불가
· 수분 보통

· 잎 달걀 모양
· 토양 일반 토양
· 용도 화분, 베란다, 약용, 식용

차이브

백합과 여러해살이풀 | *Allium schoenoprasum*

차이브

군락

잎

아시아, 유럽, 북미 원산으로 양파류 허브식물이다. 잎을 수프나 생선 등 여러 가지 요리 사용하며 식물체에 비타민 C, 철분, 칼슘이 많이 함유되어 있다. 꽃은 부케 용도로 사용한다. 식용 목적으로 1년에 여러 차례 재배할 수 있다.

 어떻게 키울까요?

- **높이** 30~50cm
- **햇빛** 양지
- **번식** 종자, 포기나누기

- **꽃** 여름
- **온도** 월동 가능
- **수분** 보통

- **잎** 둥근 줄 모양
- **토양** 유기질 토양
- **용도** 화분, 부케, 식용, 약용

알리섬 ^{향기알리섬}

십자화과 한해/여러해살이풀 | *Lobularia maritima*

꽃

알리섬

품종

지중해 크레타섬, 대서양 카나리아 제도 원산이며 우리나라의 냉이류 비슷하다. 자잘한 꽃이 공처럼 모여 달려서 *Lobularia*(작은 꼬투리)라는 속명이 붙었다. 꽃 색상은 흰색이지만 원예종은 분홍색, 라벤더색이 있다. 종자는 가을에 파종한다.

 어떻게 키울까요?

· 높이 10~30cm
· 햇빛 양지~반그늘
· 번식 종자

· 꽃 4~9월
· 온도 월동 불가
· 수분 다소 건조하게

· 잎 피침형
· 토양 일반 토양
· 용도 화분, 베란다

버베나

마편초과 여러해살이풀 | *Verbena hybrida*

흰색 품종

버베나

파라솔 품종

버베나 원종은 아메리카에 분포한다. 목본성과 초본성 여러해살이풀이 있고, 국내
에서는 가을에 파종하는 한해살이풀로 분류한다. 꽃에서는 레몬과 비슷한 향이 나
고 부드러운 잎은 품종에 따라 타원형~깃꼴처럼 깊게 갈라지기도 한다.

 어떻게 키울까요?

- 높이 10~20cm
- 햇빛 양지~반그늘
- 번식 종자

- 꽃 여름~가을
- 온도 월동 불가
- 수분 보통

- 잎 다양한 모양
- 토양 비옥한 토양
- 용도 화분, 베란다, 걸이분

멕시칸스위트 <small>아즈텍스위트허브</small>

마편초과 여러해살이풀 | *Phyla dulcis*

멕시칸스위트

꽃

잎

멕시코, 콜롬비아, 쿠바, 카리브해 원산이다. 잎에 설탕의 1천배에 달하는 감미가 있으나 쓴맛 등 불쾌한 맛이 섞여 있어 설탕을 대신하거나 함부로 식용할 수 없다. 전초에 있는 Camphene 성분은 임산부와 어린아이에게 좋지 않으므로 주의한다.

 어떻게 키울까요?

- · 높이 1~2m
- · 햇빛 양지~반그늘
- · 번식 종자, 꺾꽂이

- · 꽃 연중
- · 온도 월동 불가
- · 수분 보통

- · 잎 달걀 모양
- · 토양 비옥한 토양
- · 용도 화분, 약용

버베인 ^{마편초}

마편초과 여러해살이풀 | *Verbena officinalis*

버베인

꽃

잎

지구 북반부에 자생하며 국내에서도 자생한다. 흔히 바닷가에서 자란다. 국내에서는 '마편초'라고 부르는 약용 허브식물이다. 꽃은 연한 자주색으로 피고 뿌리를 제외한 줄기 상단부를 피부염 등에 약용하거나, 목욕제로 사용한다.

 어떻게 키울까요?

· 높이 30~100cm	· 꽃 7~8월	· 잎 깊게 갈라진 모양
· 햇빛 양지	· 온도 월동 가능	· 토양 일반 토양
· 번식 종자, 꺾꽂이	· 수분 보통	· 용도 화분, 약용, 식용(잎)

스테비아 ^{단풀}

국화과 여러해살이풀 | Stevia Rebaudiana

스테비아

꽃

잎

열대, 아열대 아메리카 원산이다. 잎을 씹으면 설탕의 200~300배에 달하는 단맛을 낸다. 건조한 잎과 생잎을 설탕 대용으로 사용하며, 건조한 잎을 가루를 내어 사용하는 것이 가장 좋다. 설탕보다 더 맛있고 건강한 천연감미료이다.

 어떻게 키울까요?

· 높이 60~90cm
· 햇빛 양지
· 번식 종자, 꺾꽂이

· 꽃 연중
· 온도 월동 가능(제주)
· 수분 보통

· 잎 긴 타원형
· 토양 유기질 토양
· 용도 화분, 약용, 식용(잎, 꽃)

다이어즈캐모마일

황금마가렛 · 노랑마가렛

국화과 두해살이풀 | *Anthemis tinctoria*

다이어즈캐모마일

꽃

잎

지중해와 서부 아시아 원산이다. 유럽 북반구에서 야생할 정도로 추위에 강하다. 식용 및 염료 식물로 사용하며 염료는 노란색 꽃에서 얻을 수 있다. 노란색의 꽃에서는 사과향이 난다. 저먼이나 로만캐모마일에 비해 꽃이 크다.

 어떻게 키울까요?

· 높이 30~70cm
· 햇빛 양지
· 번식 종자, 꺾꽂이

· 꽃 5~7월
· 온도 월동 가능
· 수분 보통

· 잎 깃꼴
· 토양 비옥한 토양
· 용도 화분, 절화, 식용(잎), 염료

저먼캐모마일

국화과 한해살이풀 | *Matricaria recutita*

저먼캐모마일

꽃

군락

유럽, 아시아에 분포한다. 식용 목적이 아닌 약용, 관상 목적으로 재배하지만 허브 차로 음용하기도 한다. 로만캐모마일은 깃꼴잎이 복잡하게 갈라지고, 다소 땅을 기는 성질이 있으나 저먼캐모마일은 단순하게 갈라지고 직립 성질이 있다.

어떻게 키울까요?

· 높이 30~90cm
· 햇빛 양지
· 번식 종자, 포기나누기

· 꽃 6~9월
· 온도 월동 불가
· 수분 보통

· 잎 깃꼴
· 토양 유기질 토양
· 용도 화분, 화단, 약용, 화장품

로만캐모마일

가든캐모마일 · 잉글리시캐모마일

국화과 여러해살이풀 | *Anthemis nobilis*

로만캐모마일

꽃

잎

유럽, 북미, 아르헨티나에 분포한다. 전초에서 사과향이 난다. 캐모마일 종류 중에서 식용할 수 있는 식물이다. 높이 30~45cm 내외로 자라므로 어른 무릎 높이만큼 잔디처럼 자란다. 꽃잎이 돔 모양으로 아래로 처지는 특징이 있다.

어떻게 키울까요?

· 높이 30~45cm
· 햇빛 양지
· 번식 종자, 포기나누기

· 꽃 6~8월
· 온도 월동 가능
· 수분 보통

· 잎 깃꼴
· 토양 유기질 토양
· 용도 화분, 식용(잎), 약용, 화장품

휘버휴

국화과 여러해살이풀 | *Tanacetum parthenium*

휘버휴

꽃

잎

발칸반도, 서아시아 원산이다. 잎을 건조한 뒤 편두통 등에 약용한다. 전형적인 허브 식물이지만 약간의 알레르기가 발생할 수 있으므로 날것으로의 약용은 피한다. 잎은 향기가 있어 목욕제로도 사용할 수 있다.

 어떻게 키울까요?

- **높이** 30~60cm
- **햇빛** 양지
- **번식** 종자, 꺾꽂이

- **꽃** 5~9월
- **온도** 월동 가능
- **수분** 보통

- **잎** 깊게 갈라진 모양
- **토양** 비옥한 토양
- **용도** 화분, 베란다, 약용(잎)

휀넬 ^{회향}

산형과 한해/두해살이풀 | *Foeniculum vulgare*

휀넬(회향)

꽃

잎

지중해의 바닷가 원산으로 국내에 귀화하여 길가에서 흔히 볼 수 있다. 향신료 식물로 유명하고 알 모양 뿌리는 식용하고 건조한 잎은 각종 요리에 사용한다. 영어 이름인 휀넬(Fennel)은 '건초'에서 유래한다. 열매를 '회향'이라고 하여 약용한다.

 어떻게 키울까요?

· 높이 1~2m   · 꽃 7~8월   · 잎 3~4회 깃꼴
· 햇빛 양지   · 온도 월동 가능(남부)   · 토양 부식질 사질 양토
· 번식 종자, 포기나누기   · 수분 보통   · 용도 식용(잎, 뿌리, 씨앗), 약용

보리지

지치과 한해/두해살이풀 | *Borago officinalis*

보리지

전초

잎 뒷면

지중해 연안 원산이다. 전초에 억센 털이 많고 식용 식물로 유명하다. 과거에는 강
장효과를 위해 술에 넣어 마셨다고 한다. 씨앗에서 추출한 오일은 상업용으로 판
매한다. 어린잎과 꽃에서 오이 맛이 나며 꽃은 요리 장식에, 잎은 차로 마신다.

 어떻게 키울까요?

· 높이 60~100cm
· 햇빛 양지~반그늘
· 번식 종자, 꺾꽂이

· 꽃 5~8월
· 온도 월동 가능
· 수분 보통

· 잎 둥근 삼각꼴
· 토양 일반 토양
· 용도 화분, 약용, 식용(잎, 꽃)

유리옵스

유럽스 · 부시데이지

국화과 상록 소관목 | *Euryops pectinatus*

유리옵스

꽃

잎

남아프리카 원산으로 잎이 회색빛이 띠는 경우가 많고, '넓은잎유리옵스'는 잎이 조금 넓고 녹색이다. '그린잎유리옵스'는 잎이 녹색이다. 유리옵스는 '커다란 눈'이 라는 뜻이며 온실에서 키우면 연중 꽃을 볼 수 있다. 전초에 약간의 독성이 있다.

 어떻게 키울까요?

- · 높이 1.5m
- · 햇빛 양지~반그늘
- · 번식 종자, 꺾꽂이
- · 꽃 연중
- · 온도 월동 가능(제주)
- · 수분 보통
- · 잎 깊게 갈라진 깃꼴
- · 토양 일반 토양
- · 용도 화분, 베란다

탄지 ^{탠지}

국화과 여러해살이풀 | *Tanacetum vulgare*

탄지

꽃

잎

북유럽과 아시아 원산으로 단추처럼 생긴 노란색 꽃이 핀다. 탄지는 꽃이 오랫동안 핀다는 의미로 붙여진 이름이다. '슈퍼탠지' 등의 품종이 있다. 관절염, 염증 등에 사용하는 약용 허브로 알려졌으나 살충 및 유독 성분이 강해 식용하지 않는다.

 어떻게 키울까요?

- · 높이 50~150cm
- · 햇빛 양지~반그늘
- · 번식 종자, 꺾꽂이
- · 꽃 늦여름
- · 온도 월동 가능
- · 수분 보통
- · 잎 깃꼴
- · 토양 일반 토양
- · 용도 화분, 베란다, 약용, 살충

당아욱

아욱과 한해/여러해살이풀 | *Malva moschata*

당아욱 품종

꽃

잎

서유럽, 북부 아프리카, 아시아에 분포하며 세계적으로 1천여 종이 있다. 아시아 원산은 대개 '당아욱'이라고 부르고, 유럽 원산은 '말로우(멜로)', '마시멜로', '머스크말로우' 등이 있다. 잎, 꽃, 씨앗을 식용하거나 약용한다.

어떻게 키울까요?

- 높이 60~100cm
- 햇빛 양지~반그늘
- 번식 포기나누기

- 꽃 6~7월
- 온도 월동 가능
- 수분 보통

- 잎 손바닥 모양
- 토양 일반 토양
- 용도 화분, 약용, 식용(잎, 꽃, 씨앗)

레이디스맨틀

장미과 여러해살이풀 | *Alchemilla vulgaris*

꽃

레이디스맨틀

잎

남유럽 원산으로 이슬이 내릴 무렵 아침에 손바닥 모양의 잎을 보면 잎이 젖지 않고 이슬방울이 망울망울 고이는 것을 볼 수 있다. 잎과 꽃은 샐러드 등의 요리 재료로 사용한다. *Alchemilla*라는 속명은 '연금술'을 뜻한다.

어떻게 키울까요?

· **높이** 30~60cm
· **햇빛** 양지~반그늘
· **번식** 종자, 포기나누기

· **꽃** 5~10월
· **온도** 월동 가능
· **수분** 보통

· **잎** 손바닥 모양
· **토양** 일반 토양
· **용도** 화분, 식용(어린잎), 미용제

다육식물
&벌레잡이식물

Succulent Plant
& Insectivorous plants

스투키

백합과 다육식물 | *Dracaena stuckyi*

산세베리아 스투키

군집

슈퍼 스투키 품종

건조한 아프리카 동남부에서 서식하며 줄기처럼 보이는 잎이 원통형으로 군집을 이루며 직립한다. 원산지에서는 최대 2m로 자란다. 국내 시판용은 번식이 어려운 원산지 스투키가 아닌 번식이 쉬운 원통형 산세베리아(*Sansevieria cylindrica*)를 잎꽂이 한 품종이다.

 어떻게 키울까요?

· 높이 2m   · 꽃 봄이나 가을   · 잎 원통형
· 햇빛 반그늘   · 온도 15도 이상   · 토양 비옥한 토양
· 번식 꺾꽂이, 분구   · 수분 적게   · 용도 화분, 사무실, 공기정화

396

피쉬본

선인장과 다육식물/착생식물 | *Epiphyllum anguliger*

피쉬본

줄기

잎

멕시코 열대우림에서 자라는 선인장이자 착생식물이다. 해발 1,100m 이상의 아고산대~고산대에 분포한다. 꽃은 흰색, 노란색으로 피고 게발선인장꽃과 비슷하다. 꽃이 필 때 달콤한 향이 난다. 잎 상단부에서 어린잎을 잘라 삽목하면 번식된다.

어떻게 키울까요?

· 높이 0.2~2m
· 햇빛 반그늘
· 번식 꺾꽂이

· 꽃 늦가을~초겨울
· 온도 12~16도 이상
· 수분 보통~적게

· 잎 생선 뼈 모양
· 토양 부식질 토양
· 용도 화분, 걸이분, 공기정화

채송화

쇠비름과 한해살이풀 | *Portulaca grandiflora*

채송화

노란색 품종

붉은색 품종

남미 원산으로 잎은 타원형의 두툼한 다육질이다. 꽃은 2.5~3cm 정도이고 꽃잎은 5개이다. 색상은 오렌지, 분홍, 붉은, 흰색, 노란색, 줄무늬 등의 원예 품종이 있다. 밤에 실내에 산소를 공급하는 효과가 있다.

 어떻게 키울까요?

· **높이** 10~20cm
· **햇빛** 양지
· **번식** 종자

· **꽃** 연중
· **온도** 월동 불가
· **수분** 보통

· **잎** 타원형
· **토양** 사질 토양
· **용도** 화분, 베란다, 공기정화

카멜레온
무늬채송화 · 오색포테리카

쇠비름과 한해/여러해살이풀 | *Portulaca oleracea*

분홍색 품종

카멜레온

잎

전 세계 온대지역에 분포하는 쇠비름과 근연종들이 섞인 하이브리드 품종으로 채송화와 비슷한 꽃이 핀다. '쇠비름채송화' 또는 '태양화'라고도 한다. 쇠비름은 우리나라 논밭에서 흔히 자라고 노란색 꽃을 피우는 키 작은 식물이다.

 어떻게 키울까요?

· **높이** 30cm
· **햇빛** 양지
· **번식** 종자, 꺾꽂이

· **꽃** 여름
· **온도** 월동 가능
· **수분** 보통

· **잎** 타원형
· **토양** 일반 토양
· **용도** 화분, 베란다, 공기정화

송엽국 사철채송화

석류풀과 여러해살이풀 | *Lampranthus spectabilis*

송엽국

꽃

황금송엽국 품종

남아프리카 건조지역 원산으로 잎은 마주나고 두툼한 다육질이다. 줄기는 옆으로 뻗으면서 자라고 여러 갈래로 갈라진다. 꽃은 국화를, 잎은 소나무 잎을 닮았다. 특히 노란색 품종은 '황금송엽국'이라고 부른다. 약 300종의 근연종이 있다.

어떻게 키울까요?

· 높이 20cm
· 햇빛 양지
· 번식 종자, 꺾꽂이

· 꽃 4~10월
· 온도 월동 가능(제주)
· 수분 조금 건조하게

· 잎 두툼한 침 모양
· 토양 일반 토양
· 용도 화분, 암석정원, 공기정화

람프란더스

번행초과 여러해살이풀 | *Lampranthus multiradiatus*

람부란더스

꽃

잎

송엽국의 근연종으로 남아프리카 원산이다. 꽃은 자홍색, 밝은 분홍색 외 여러 하이브리드 품종이 있다. 송엽국류 중에서는 비교적 큰 높이 50~80cm 내외로 자란다. 꽃 지름은 5~8cm로 송엽국에 비해 조금 크다.

 어떻게 키울까요?

· **높이** 80cm	· **꽃** 늦봄~초여름	· **잎** 두툼한 침 모양
· **햇빛** 양지	· **온도** 실내 월동	· **토양** 일반 토양
· **번식** 종자, 꺾꽂이	· **수분** 조금 건조하게	· **용도** 화분, 암석정원, 공기정화

석화 사막의장미

협죽도과 상록 소관목 | *Adenium obesum*

꽃

잎

석화

사하라사막 이남과 남아프리카 원산이다. 꽃 지름은 4~6cm, 줄기는 두툼하고, 잎 길이는 5~15cm의 주걱 모양이다. 실내에서 키울 경우 수분을 조금 건조하게 하게 관수하고, 밖에서 키울 때는 보통으로 관수한다. 뿌리와 수액에 독성이 있다.

 어떻게 키울까요?

· 높이 1~3m
· 햇빛 양지
· 번식 종자, 꺾꽂이

· 꽃 4~6월
· 온도 10도 이상
· 수분 조금 건조하게

· 잎 주걱 모양
· 토양 사질 배합토
· 용도 화분, 베란다, 공기정화

꽃기린

대극과 목본성 다육식물 | *Euphorbia milii*

꽃

잎

꽃기린

마다가스카르 원산이다. 꽃은 꽃잎처럼 보이는 포에 둘러싸여 있고, 포의 색상은 분홍색, 노란색, 흰색 등이 있다. 식물체의 수액은 독성이 있으므로 주의한다. 줄기에는 날카로운 가시가 조밀하게 붙어있다. 4~5월에 꺾꽂이로 번식한다.

 어떻게 키울까요?

· 높이 1~2m
· 햇빛 양지~반그늘
· 번식 꺾꽂이

· 꽃 봄~가을
· 온도 10도 이상
· 수분 보통

· 잎 주걱 모양
· 토양 사질 배합토
· 용도 화분, 베란다, 공기정화

칠변초

돌나물과 상록 다육식물 | *Kalanchoe fedtschenkoi*

꽃

칠변초

잎

남아프리카, 마다가스카르 원산이다. 꽃대는 직립하지만 잘 쓰러진다. 꽃 길이는
2cm, 붉은색 또는 자주색 꽃이 피며 작은 청사초롱을 닮았다. 잎에 잡색이 있는 다
양한 하이브리드 품종이 있다. 빛의 양에 따라 잎색이 달라져서 붙여진 이름이다.

 어떻게 키울까요?

- · **높이** 60~100cm
- · **햇빛** 반그늘~밝은 그늘
- · **번식** 꺾꽂이
- · **꽃** 늦봄~초여름
- · **온도** 실내 월동
- · **수분** 보통
- · **잎** 타원형(동전 모양)
- · **토양** 사질 배합토
- · **용도** 화분, 베란다, 공기정화

자금성

탈리눔과 상록 다육식물 | *Talinum paniculatum*

꽃

잎

자금성

북미 남부, 카리브해, 남아시아에 분포한다. 뿌리는 덩이줄기이고 원줄기에 자잘한 꽃이 핀다. 이뇨제로 약용한 기록이 있고 잎은 식용, 열매와 줄기는 꽃다발 소재로 좋다. 유사한 식물로는 실론시금치(*Talinum fruticosum*)가 있다.

 어떻게 키울까요?

· 높이 2m
· 햇빛 양지~반그늘
· 번식 종자, 꺾꽂이

· 꽃 초여름
· 온도 –5~10도 이상
· 수분 보통

· 잎 도란형~타원형
· 토양 일반 토양
· 용도 화분, 화단

알로에베라

백합과 상록 여러해살이풀 | *Aloe barbadensis*

꽃

알로에베라

알로에 품종

남아프리카 원산으로 알로에 중에서 약용할 수 있는 식물이 알로에베라이다. 잎은 회녹색, 녹색이고 흰색 얼룩이 있다. 꽃은 길이 2~3㎝ 정도의 노란색 관 모양이다. 온실에서 키울 경우 다른 철에 꽃이 필 수도 있다.

 어떻게 키울까요?

· 높이 1m
· 햇빛 양지~반양지
· 번식 꺾꽂이, 포기나누기
· 꽃 여름
· 온도 5도 이상
· 수분 보통
· 잎 긴 창 모양
· 토양 사질 배합토
· 용도 화분, 약용, 화장품, 공기정화

산세베리아

백합과 상록 여러해살이풀 | *Sansevieria trifasciata*

산세베리아

잎

미니 품종

열대 아프리카 원산으로 다양한 하이브리드 품종이 있다. 하이브리드 품종은 잎의 색상, 무늬, 잡색 상태, 크기에 따라 나뉜다. 여름에는 보통으로 관수하고 겨울에는 거의 건조하게 관수한다. 공기정화 능력이 매우 탁월한 식물로 유명하다.

 어떻게 키울까요?

- **높이** 1m
- **햇빛** 양지~반양지
- **번식** 꺾꽂이, 물꽂이
- **꽃** 여름
- **온도** 5도 이상
- **수분** 보통
- **잎** 긴 칼 모양
- **토양** 사질 배양토
- **용도** 화분, 베란다, 공기정화

슈퍼바

백합과 상록 여러해살이풀 | *Sansevieria spp.*

슈퍼바 품종

하늬 품종

골드웨이브 품종

'슈퍼바', '미인슈퍼바', '타이거슈퍼바', '하늬', '골든하늬' 등은 대부분 산세베리아
의 하이브리드 품종이다. 크기가 작은 왜성종이 많고, 잎에 다양한 무늬 변화를 준
것이 특징이다. 공기정화 능력은 산세베리아와 비슷하다.

 어떻게 키울까요?

· **높이** 20~30cm　　　　· **꽃** 연중　　　　　　· **잎** 삼각꼴
· **햇빛** 양지~반양지　　　· **온도** 10도 이상　　· **토양** 사질 배합토
· **번식** 꺾꽂이　　　　　　· **수분** 보통　　　　　· **용도** 화분, 베란다, 공기정화

실유카·유카

용설란과 상록 소관목 | *Yucca filamentosa*

실유카

잎

유카

미국 남동부 원산이다. 잎 길이는 50㎝ 정도이다. 잎 가장자리에 흰색 실 같은 필라멘트가 있기 때문에 실유카라고 부른다. 유카는 실유카와 달리 굵은 줄기가 올라오고 줄기 끝에 잎이 달린다. 잎에 실이 없으므로 구별할 수 있다.

어떻게 키울까요?

- ·높이 1~5m
- ·햇빛 양지~반그늘
- ·번식 종자, 포기나누기

- ·꽃 7~9월
- ·온도 월동 가능
- ·수분 보통

- ·잎 긴 창 모양
- ·토양 일반 토양
- ·용도 화단, 약용, 식용(꽃, 꽃대)

철석장 ^{풀젠스}

국화과 상록 다육식물 | *Kleinia fulgens*

꽃

철석장

꽃받침과 줄기

모잠비크, 짐바브웨 원산의 다육식물이다. 속명은 18세기 동물학자 독일 Klein 박사의 이름에서 따왔다. 종명 *Fulgens*는 '반짝이다'는 뜻을 가지고 있다. 어린잎은 테두리가 맨들맨들한 타원형이지만 성장하면서 각이 진다.

 어떻게 키울까요?

· 높이 60~100cm	· 꽃 연중	· 잎 타원형, 결각
· 햇빛 양지~반그늘	· 온도 실내 월동	· 토양 사질 바크 혼합토
· 번식 종자, 꺾꽂이	· 수분 보통	· 용도 화분, 베란다

가재게발선인장 선인장과 상록 다육식물 | *Schlumbergera truncata*

가재게발선인장

결각

게발선인장의 결각

브라질 원산이다. 가재발선인장은 잎의 결각이 뾰족한 것이 특징이다. 크리스마스 시즌에 개화하기 때문에 '크리스마스 선인장'이라고도 부른다. 게발선인장은 가재 게발선인장에 비해 잎의 결각이 부드럽고 완만하다.

어떻게 키울까요?

· 높이 20~50cm
· 햇빛 양지~반그늘
· 번식 종자, 꺾꽂이

· 꽃 겨울
· 온도 8~13도 이상
· 수분 조금 건조하게

· 잎 납작한 모양, 결각
· 토양 비옥한 토양
· 용도 화분, 걸이분, 공기정화

411

쥐꼬리선인장

선인장과 상록 다육식물 | *Kniphofia spp.*

쥐꼬리선인장

멕시코 원산으로 쥐꼬리처럼 길게 자란다. 꽃은 가재발선인장과 비슷하다. 인기가 많기 때문에 오래 전부터 원예 목적으로 재배해 왔다. 선인장 중에서는 비교적 이른 17세기경 유럽에 전래되었다.

 어떻게 키울까요?

· **높이** 1~2m
· **햇빛** 양지~반그늘
· **번식** 종자, 꺾꽂이

· **꽃** 연중
· **온도** 6~10도 이상
· **수분** 조금 건조하게

· **잎** 원통 모양
· **토양** 마사토 혼합토
· **용도** 화분, 걸이분

밍크선인장 선인장과 상록 다육식물 | *Cleistocactus hyalacanthus cristata*

밍크선인장

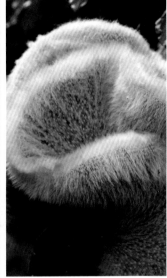

머리 부분

귀면각 같은 기둥선인장 줄기와 백섬철화 선인장의 닭벼슬 부분을 접목한 교배종이다. 시중의 유통명은 밍크선인장이며 높이는 0.5~7m 내외지만 시판 제품은 1m 내외이다. 품격이 느껴져 응접실 등에 잘 어울린다.

 어떻게 키울까요?

· 높이 0.5~7m
· 햇빛 양지
· 번식 접목

· 꽃 드물게 핌
· 온도 10도 이상
· 수분 적게

· 잎 기둥형
· 토양 사질양토
· 용도 화분, 화단

충운

선인장과 상록 다육식물 | *Melocactus amoenus*

가시

충운

열매

카리브해, 멕시코 해변가에서 자생하는 구름선인장 종류이다. 한글 이름에 '운'자
가 들어간다. 근연종들도 대개 멸종위기 상태이다. 구형이고 상단부는 왕관 모양
이고 볼품없는 꽃이 핀다. 열매는 고추 같은 모양이고 안에 씨앗이 들어있다.

어떻게 키울까요?

· **높이** 30cm
· **햇빛** 양지
· **번식** 종자

· **꽃** 연중
· **온도** 14도 이상
· **수분** 건조하게

· **잎** 다육질
· **토양** 비옥한 사질 양토
· **용도** 화분, 베란다

미파선인장

석류풀과 다육식물 | *Faucaria bosscheana*

꽃

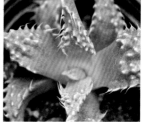

미파선인장

호랑이이빨선인장

남아프리카 원산이다. 잎은 상록성의 삼각 모양이고 다육질이다. 꽃은 노란색과 붉은꽃이 핀다. '사해파'의 하이브리드 품종인 '호랑이이빨'은 미파와 생김새가 비슷하며 꺾꽂이로 번식한다.

어떻게 키울까요?

· 높이 20cm
· 햇빛 양지
· 번식 종자

· 꽃 늦가을~초겨울
· 온도 실내 월동
· 수분 보통

· 잎 삼각형
· 토양 약 산성 토양
· 용도 화분, 베란다

매화바위솔 ^{로슬라리아}

돌나무과 상록 다육식물 | *Rosularia sedoides*

매화바위솔

아시아 원산의 돌나무과 식물이다. 원산지에서는 주로 바위틈에서 자생한다. 잎은
둥글거나 직사각형이고 다육질이다. 꽃은 취산꽃차례로 피고 꽃받침은 6~8개이
다. 종자는 타원형이고 길이는 1mm 이하이다.

어떻게 키울까요?

· 높이 15cm
· 햇빛 반그늘
· 번식 종자, 포기나누기

· 꽃 여름
· 온도 월동 가능
· 수분 보통

· 잎 타원형
· 토양 마사토 배합토
· 용도 화분, 베란다, 암석정원

구슬얽이 ^{당나귀꼬리}

돌나물과 상록 다육식물 | *Sedum morganianum*

구슬얽이

꽃

꽃차례

멕시코, 온두라스 원산이다. 구슬처럼 생긴 잎을 관상하기 위해 키운다. 구슬 모양의 잎이 줄기처럼 이어져 최고 1m 정도로 자란다. 걸이분으로 키울 때 줄기 무게 때문에 끊어지는 경향이 있으니 주의한다. 꺾꽂이는 제때 잘라서 한다.

어떻게 키울까요?

- · 높이 1m
- · 햇빛 양지
- · 번식 꺾꽂이

- · 꽃 봄
- · 온도 3~8도 이상
- · 수분 조금 건조하게

- · 잎 긴 구슬 모양
- · 토양 마사토 혼합토
- · 용도 화분, 걸이분

홍옥

돌나무과 상록 다육식물 | *Sedum Rubrotinctum*

잎

줄기

홍옥

멕시코 원산의 돌나무과 식물이다. 잎은 다육질이고 여름 직사광선으로 인해 녹색에서 붉은색으로 변한다. 식물체에 약간의 독성이 있으므로 다른 돌나무과 식물처럼 식용할 수 없다. 꽃에도 독성이 있다.

어떻게 키울까요?

· 높이 10~30cm
· 햇빛 양지~반양지
· 번식 꺾꽂이

· 꽃 봄~초여름
· 온도 0~5도 이상
· 수분 보통

· 잎 다육질
· 토양 사질 점질 혼합
· 용도 화분, 걸이분

흑법사

돌나무과 상록 다육식물 | *Aeonium arboreum*

잎

로제트 모양의 잎

흑법사

모로코, 카나리아 제도 원산이다. 잎 색상이 전체적으로 검푸른색이기 때문에 일본의 원예상들이 흑법사라는 이름을 붙였다. 꽃은 노란색이고 여름에 핀다. 번식은 봄에 꺾꽂이로 하면 잘 된다.

 어떻게 키울까요?

· 높이 1m
· 햇빛 양지
· 번식 꺾꽂이, 포기나누기

· 꽃 여름
· 온도 10도 이상
· 수분 다소 건조하게

· 잎 주걱 모양
· 토양 부석질 토양
· 용도 화분, 베란다

셈퍼비범 ^{거미줄바위솔류}

돌나무과 상록 다육식물 | *Sempervivum arachnoideum*

꽃

셈퍼비범

셈퍼비범 품종

돌나무과의 다육식물이며 지중해 연안, 유럽 남부, 아시아 산악지대 원산이다. 3천여 근연종이 있고 우리나라에는 '거미줄바위솔' 종류가 알려져 있다. 높이 10cm 정도의 꽃대가 올라온 뒤 품종에 따라 분홍색 또는 노란색 꽃이 핀다.

 어떻게 키울까요?

- · 높이 10cm
- · 햇빛 양지
- · 번식 씨앗, 러너번식
- · 꽃 7~8월
- · 온도 월동 가능
- · 수분 조금 건조하게
- · 잎 다육질
- · 토양 사질 혼합 토양
- · 용도 화분, 암석정원

벌레잡이제비꽃

통발과 여러해살이풀 | *Pinguicula Moranensis*

벌레잡이제비꽃

꽃

잎

멕시코, 과테말라 원산의 식충식물이며, 지구 북반부에 근연종이 많이 분포해 있다. 끈적끈적한 잎 표면으로 벌레를 잡고, 그 영양분으로 식물이 성장한다. 일반적으로 잎에 잘못 앉은 파리를 잡는다. 긴 꽃대가 올라온 뒤 꽃이 핀다.

어떻게 키울까요?

· 높이 25cm
· 햇빛 양지
· 번식 잎꽃이, 종자

· 꽃 4~10월
· 온도 10도 이상
· 수분 저면관수

· 잎 타원형
· 토양 수태 혼합 토양
· 용도 화분, 베란다

파리지옥

끈끈이귀개과 여러해살이풀 | *Dionaea Muscipula*

파리지옥

북미 원산이다. 조개처럼 생긴 잎 안쪽에 벌레가 걸리면 조개 같은 잎이 갑자기 닫힌다. 주로 파리와 거미를 잡은 뒤 소화액을 뿜어 분해하고 그 양분으로 성장한다. 원산지에서는 습지에서 볼 수 있다. 가정에서는 보통 파리를 잡아서 준다.

 어떻게 키울까요?

· **높이** 20~30cm   · **꽃** 6~7월   · **잎** 조개 모양

· **햇빛** 반양지   · **온도** 2~10도 이상   · **토양** 마사토와 피트모스 혼합

· **번식** 종자, 포기나누기   · **수분** 조금 촉촉하게   · **용도** 토화분, 베란다

끈끈이주걱

끈끈이귀개과 여러해살이풀 | *Drosera rotundifolia*

벌레잡이제비꽃

꽃

잎

우리나라 습지에 드물게 자생하는 식충식물이다. 유럽, 북미, 일본 등 지구 북반부에서 자생하고, 주로 습지에서 볼 수 있다. 주걱 모양의 잎에 있는 선모에 벌레가걸려든다. 식물체에서 추출한 성분에 약용 성분이 있다.

 어떻게 키울까요?

- 높이 10~30cm
- 햇빛 양지
- 번식 꺾꽂이, 종자
- 꽃 4~10월
- 온도 월동 가능(남부)
- 수분 저면관수
- 잎 주걱 모양
- 토양 비옥한 토양
- 용도 화분, 베란다, 약용

사라세니아

사라세니아과 여러해살이풀 | *Lotus maculatus*

자주사라세니아

자주사라세니아 품종

붉은사라세니아 품종

미국, 캐나다 동남부 해안가에서 자생하는 식충식물이다. 대롱 모양의 줄기에 파리, 거미, 개미가 빠져들면 그 양분으로 성장한다. 다양한 하이브리드 품종이 있다. 대부분의 품종이 베란다에서 월동할 수 있다.

 어떻게 키울까요?

· 높이 10cm
· 햇빛 양지
· 번식 씨앗, 러너번식

· 꽃 7~8월
· 온도 월동 가능
· 수분 조금 건조하게

· 잎 다육질
· 토양 사질 혼합 토양
· 용도 화분, 베란다, 암석정원

벌레잡이통꽃
네펜데스 알라타

벌레잡이통발과 여러해살이풀 | Nepenthes spp.

벌레잡이통꽃

수형

대롱 모양의 포충낭

남미, 아시아 열대 지방 원산이며 130여 종의 근연종이 있다. 포충낭에는 소화액이나 물이 고여 있고 벌레가 들어가면 익사한다. 열대 원산은 줄기 길이가 15m까지 자라는 품종도 있기 때문에 도마뱀도 잡는다. 암수딴그루이다.

어떻게 키울까요?

· 높이 25cm
· 햇빛 양지
· 번식 잎꽂이, 종자

· 꽃 4~10월
· 온도 10도 이상
· 수분 저면관수

· 잎 타원형
· 토양 수태 혼합 토양
· 용도 화분, 베란다

· 유기질 토양

밭흙 종류를 말한다. 점토, 모래가 같은 비율이고 유기물 성분이 많다. 본문에서 유기질 토양이라고 설명한 것은 다른 흙과 섞을 때 유기질 토양을 70~80% 이상 혼합한 것을 말한다.

· 부식질 토양

낙엽 등이 부식된 기름진 토양을 말한다. 주로 참나무류 낙엽이 부식된 토양이 좋다. 본문에서 부식질 토양이라고 설명한 것은 다른 흙과 섞을 때 부식질 토양을 70~80% 혼합한 것을 의미한다.

· 마사토

화강암이 풍화되어 만들어진 돌 알갱이 같은 굵은 흙을 말한다. 물빠짐 목적으로 다른 흙과 섞어서 사용한다.

· 바크

나무 껍질이나 펄프 폐기물을 퇴비화시킨 것을 말한다. 주로 난초류를 키울 때 선택한다. 화원 등에서 판매하며 수입산이 많다.

· 수태

이끼류를 말한다. 주로 난초류를 키울 때 선택한다. 화원 등에서 판매하며 수입산이 많다.

· 펄라이트

화산암을 가공하여 알갱이처럼 만든 토양이기 때문에 물빠짐, 보습력, 통기성이 좋다. 거름 성분이 없는 무균 토양이기 때문에 나중에 비료에 신경을 써야 한다. 단독으로는 쓰지 않고 뿌리를 내리게 하기 위해 다른 토양과 섞어서 사용한다. 화원 등에서 판매한다.

· 일반 토양

본 책에서 언급한 일반 토양은 부식질 또는 부엽질, 마사토(모래) 등을 적당히 배합한 물빠짐 좋은 토양을 말한다.

· 피트모스

이탄이라고도 한다. 석탄으로 압축되기 전 상태이며 피트모스 퇴적층에서 채취하여 상업화한 상토류의 토양이다. 보습력과 통기성이 뛰어나며 거름기는 없고 약간의 양분이 있다. 섬유질상이므로 일반 흙에 비해 가볍다. 다른 토양과 섞어서 사용한다.

· 물주기

수분은 보통 겉흙이 말랐거나, 손가락으로 눌렀을 때 안쪽도 일부 말랐을 때 공급한다. 또한 대부분의 식물 책이 겨울철에는 물 공급을 대폭 줄이도록 유도하지만, 요즘처럼 난방시설이 좋은 아파트 거실에서 식물을 키우면, 겨울철에도 여름과 거의 비슷한 간격으로 관수하는 것이 좋다. 참고로, 물을 흠뻑 주어야 하는 식물이라면 물과 분무기로 나누어 관수하는 것이 좋다. 겨울철에 수분을 공급할 때는 차가운 물이 아닌, 실내 온도에 맞춰 물을 미리 받아놓고 관수할 것을 권장한다.

· 저면관수

화분보다 큰 용기에 화분을 담고, 화분의 바깥 용기에 물을 부어 뿌리부터 물을 흡수하도록 하는 방식이다.

· 월동 온도

가정에서 원예식물을 키울 때 가장 신경써야 할 부분이 월동 온도이다. 식물은 월동 온도를 지키지 않으면 치명상을 입어 재생이 어려운 상태가 된다. 보통 늦가을에 밤 기온이 얼마만 큰 내려가는지 모르는 상태에서 식물을 옥외에 두면 냉해를 입게 되므로 쌀쌀한 날씨가 체감될 무렵에는 옥외 식물은 베란다로, 베란다 식물은 거실로 이동시켜주어야 한다.

· 햇빛, 채광

항상 밝은 조명을 사용하는 서재에서 식물을 키운다면, 서재 조명이 햇빛 못지않은 광원을 식물에게 제공하게 된다. 이 경우 음지성 식물이나 반음지성 식물은 대개 햇빛 없이도 실내의 밝은 조명으로 생존할 수 있다. 물론 햇빛처럼 강력한 광원은 아니기 때문에 햇빛이 부족하다 싶으면, 실제 햇빛에 노출시키는 것이 해당 식물에 더 좋다.

· 불염포

꽃차례를 덮을 정도로 넓게 커진 포엽을 말한다.

· 삼출엽

3개의 작은잎으로 이루어진 겹잎을 말한다.(3출엽)

· 꽃차례(화서)

가지에 꽃이 배열되는 모습이나 상태를 말한다. 한자어로는 화서(花序) 라고한다.

· 꺾꽂이(삽목)

식물의 일부분인 잎, 가지, 뿌리 등을 이용한 번식 방법으로 잎꽂이, 가지꽂이, 뿌리꽂이 등이 있다.

· 포기나누기(분주)

여러해살이풀이나 관목의 포기가 옆으로 번지면 분할하여 번식하는 방법으로 주로 휴면기에 실시한다.

· 휘묻이(취목)

뿌리가 있는 식물체의 일부(줄기와 가지)에서 뿌리가 나오게 하는 번식 방법이다.

· 괴경

덩이줄기, 알뿌리를 말한다.

· 왜성

같은 종류 중에서도 표준 크기에 비해 매우 작은 것(왜성종)을 말한다.

· 원예종

야생종 가운데 관상가치가 높거나 이용도가 높은 것을 선택하여 육종증식시켜 새로운 것으로 변화시킨 종을 일컫는다.

부록2 · 주요 식물의 꽃말

꽃양배추 : 축복, 이익
끈끈이주걱 : 발을 조심하세요

가우라 : 섹시한 여인, 떠나간 이를 그리워 함
가자니아 : 부의 상징, 친근한 사랑
가재발선인장 : 불타는 사랑
개나리자스민 : 사랑스러움, 나의 사랑은 당
신보다 깊다, 희망
개양귀비 : 약한 사랑, 덧없는 사랑
거베라 : 신비, 풀 수 없는 수수께끼
과꽃 : 믿음직한 사랑
관음죽 : 행운, 자비
구즈마니아 : 만족
군자란 : 고귀, 우아, 고결
그레빌레아 : 잠재력, 긍정, 대담함
극락조화 : 신비
글라디올러스 : 밀회, 조심
글록시니아 : 욕망, 화려함
금계국 : 상쾌한 기분
금관화 : 화려한 추억, 나는 변하지 않는다
금어초 : 수다쟁이, 탐욕, 오만
금잔화 : 이별의 슬픔
금전수 : 번영, 부유
기생초 : 다정다감한 그대의 마음, 아름다운
추억
꽃기린 : 고난의 깊이를 간직하다

네마탄 : 설레임
네마탄서스 : 설레임
네메시아 : 정직
네모필라 : 애국심, 빛, 불빛
네오네겔리아 : 만족
니코티아나 : 그대 있어 외롭지 않네
니포피아 : 당신 생각이 절실하다

다알리아 : 당신 때문에 행복해요
다이시아 : 멀어지는 마음
다이아몬드꽃 : 너를 만나고 싶다
다이어즈캐모마일 : 역경에 굴하지 않는 강
인함
단풍제라늄 : 그대가 있어 행복하다
당아욱 : 온순, 은혜, 어머니의 사랑
데이지 : 순수한 마음
델피니움 : 은혜
도깨금 : 그리움, 순진, 인내
듀란타 : 사랑을 위해 멋을 부린 남자
드라세나 데레멘시스 와네키 : 약속을 실행
하다

430

디기탈리스 : 열애, 화려함, 가슴 속의 생각
디모르포테카 : 원기, 행복

ㄹ

라넌큘러스 : 매력, 매혹, 비난
라벤더 : 기대, 정절, 침묵
라이스플라워 : 통통 튀는 귀여움, 풍요로운 결실
란타나 : 엄격, 엄숙, 나는 변하지 않는다
람프란더스 : 나태, 태만
러브체인 : 끈끈한 사랑
레드시크릿 : 말 없는 사랑, 안도, 신중
레위시아 : 천사의 눈물
레이디스 맨틀 : 빛, 헌신적인 사랑, 첫사랑
로만캐모마일 : 역경에 굴하지 않는 강인함
로벨리아 : 불신, 원망, 악의
로즈마리 : 나를 생각해요
로즈제라늄 : 행복
루드베키아(원추천인국) : 영원한 행복
루엘리아 : 신비로움, 사랑을 위해 멋내는 남자
루피너스 : 모성애, 탐욕
리빙스턴데이지 : 희망
리시마키아 : 깨끗한 소녀
리시안셔스 : 변치 않는 사랑
리아트리스 : 고결함

ㅁ

마가렛 : 진실한 사랑, 자유
마란타 : 우정, 영원한 부
만데빌라 : 천사의 나팔소리
만수국 : 반드시 오고야 말 행복
맨드라미 : 시들지 않는 사랑, 영생, 열정
멕시칸세이지 : 가정의 덕
멜람포디움 : 순간의 즐거움
몬스테라 : 기쁜 소식, 기이함
무늬월도 : 상쾌한 사랑
무스카리 : 실망, 실의
문주란 : 정직, 순박, 청초함
물망초 : 나를 잊지 마세요
미모사 : 감춘 사랑, 부끄러움, 예민한 마음
밀짚꽃 : 항상 기억하라

ㅂ

바질 : 사랑의 고백
박쥐란 : 교묘함, 괴이함
반다 : 애정의 표시
백묘국 : 온화함, 행복의 확인
백일홍 : 인연
백합 : 핑크빛 사랑(분홍 백합), 순수한 사랑(흰 백합)
버베나 : 사랑, 성실, 겸손, 가족의 화합
버베인 : 매혹
베고니아 : 수줍음, 짝사랑, 친절, 존경

베들레헴별꽃 : 청순, 일편단심
베로니카 : 충실, 정조, 견고함
베르가못 : 감수성이 풍부함
병솔나무 : 결백, 겸손, 청결, 우정
보로니아 : 당신의 향기, 잊을 수 없는 당신의 향기
보리지 : 용기, 보호, 변심
부겐빌레아 : 조화, 정열, 영원한 사랑
부바르디아 : 나는 당신의 포로
불수감 : 천년의 향기
브라질아부틸론 : 나는 당신을 영원히 사랑합니다
브룬펠시아자스민 : 당신의 나의 것, Kiss me quick
브리시아 : 만족
블루벨 : 영원히 끝나지 않은 사랑
블루세이지 : 가족애, 건강, 장수
비올라(팬지류) : 성실한 사랑
빈카 : 즐거운 추억, 아름다운 추억

사라세니아 : 끈기
사랑초 : 당신을 버리지 않아요
사피니아 : 당신과 함께 있어서 행복합니다
산세베리아 : 관용
새깃유홍초 : 영원히 사랑스러워
새우풀 : 열망
색비름 : 허식, 거드름, 애정

샐비어(사루비아) : 불타는 마음, 정열
샤스타데이지 : 희망, 평화, 사랑스러움
석죽 : 평정, 무욕, 순결한 사랑
설란 : 희망, 순결한 사랑
설악초 : 환영, 축복
송엽국 : 나태, 태만
수련목 : 청순한 마음, 깨끗한 마음
수선화 : 자기애, 자존심, 이루어질 수 없는 사랑, 고결
수염틸란드시아 : 불멸의 사랑
스노플레이크 : 아름다움
스케볼라 : 축배를 들다, 악의, 가면(호주)
스테비아 : 사랑이 깊어지다
스파티필름 : 세심한 사랑, 평화, 순결
스피아민트 : 따뜻한 마음, 다시 한 번 사랑하고 싶습니다
시계꽃 : 성스러운 사랑
시네라리아 : 마음의 괴로움
시클라멘 : 질투, 수줍은 사랑
실유카 : 강인함, 끈기
심비디움 : 미인, 귀부인, 우아한 여인
싱고니움 : 즐거움, 기쁨

아가판서스 : 사랑의 소식(방문), 사랑의 편지
아게라툼 : 신뢰, 믿음, 늙지 않음
아글라오네마 : 행운, 행복
아네모네 : 당신을 사랑합니다

아디안텀 : 애교

아라리아 : 추억

아르메리아 : 배려, 동정

아마릴리스 : 침묵, 겁쟁이

아부틸론 : 당신을 영원히 사랑합니다

아스터 : 너를 잊지 않으리, 사랑과 우정

아스플레니움 : 언제나 함께 하겠어요

아이리스 : 좋은 소식, 변덕스러움

아이비 : 진실한 애정, 행운 가득한 사랑

아펠란드라 : 관용, 정절

아프리카나팔꽃 : 자애, 검은 눈동자

안개꽃 : 맑은 마음, 순수한 사랑

안스리움 : 번뇌, 꾸미지 않은 아름다움

알라만다 : 희망을 가지세요

알로카시아 : 수줍음, 번영

알리섬 : 빼어난 미모

알스트로에메리아 : 배려, 새로운 만남

알펜블루 : 감사하는 마음, 따뜻한 사랑, 변함
없는 사랑

애기금어초 : 내 마음을 알아주세요

애기범부채 : 청초, 여전히 당신을 기다립니다

애니시다 : 청초, 겸손

애플민트 : 미덕

애플제라늄 : 결심, 그대가 있어 행복해요

에리카 : 고독, 애수

에크메아 파시아타 : 만족

에키나시아 : 영원한 행복

에피프레넘(스킨답서스) : 우아한 심성, 다시
찾은 행복

엑사쿰 : 사랑의 고백, 애수

엔젤스킨 : 우아한 심성

온시디움 : 순박한 마음

올리브나무 : 평화, 희망

왁스플라워 : 변덕

우단동자 : 영원한 기다림, 그리움

운간초 : 그리움, 활력, 애정

워싱턴야자 : 부활

워터코인 : 풍요, 만족

월계수 : 승리, 영광, 불변

유리옵스 : 영원히 아름답다

유칼립투스 : 추억

율마 : 성실함, 침착

이베리스 : 깨끗함, 우아함

이소토마 : 영원한 사랑

이오난사 : 불멸의 사랑

익소라 : 추억

인디고 : 사랑의 노래를 부르는 꽃

일일초 : 우정

임파첸스 : 나의 사랑은 당신보다 깊다

잇꽃 : 불변, 당신을 물들이다, 포용력

자란 : 서로 잊지 않다

저먼캐모마일 : 역경에 굴하지 않는 강인함

접란 : 행복이 날아 온다

제라늄 : 그대가 있어 행복합니다

종이꽃 : 지속적인 사랑, 항상 기억할게요

차이니즈자스민 : 당신은 나의 기쁨
차이브 : 무한한 슬픔
채송화 : 가련함, 순진, 천진난만
천사의나팔꽃 : 덧없는 사랑
천국조 : 질투, 비애, 헤어진 친구에게 보내는
마음, 이별의 슬픔
천인국 : 협력, 단결
천일홍 : 영원한 사랑
청화국 : 청아한 당신
체리세이지 : 신비, 매혹
초연초 : 첫사랑을 그리워하다
칠변초 : 평판, 인기

카네이션 : 모정, 사랑, 감사, 존경
카틀레야 : 우아함, 성숙, 미인, 매력
칸나 : 존경, 행복한 종말
칼라 : 순수, 천년의 사랑, 순결
칼라데아 마코야나 : 우정, 성실
칼라데아 인시그니스 : 당신과 함께 하겠습
니다
칼라데아 제브리나 : 외로운 추억
칼라디움 : 환희
칼란디바 : 순애
칼랑코에 : 설렘
캄파눌라 : 상냥한 사랑, 감사, 만족

켈로네 : 젊은 날의 회상, 청춘, 추억
코르딜리네 : 당신 곁에 있겠습니다
콜레오스테푸스 미코니스 : 희망, 평화
콜레우스 : 절망적인 사랑
쿠르쿠마 : 당신을 사랑합니다
쿠페아 : 세심한 사랑
크로웨아 : 애교, 그리움
크로카타 : 영원의 불꽃
크로커스(사프란) : 후회 없는 청춘, 환희
크로톤 : 교태
크리스마스로즈 : 추억
크립탄서스 : 만족
클레로덴드롱 : 행운
클레마티스 : 당신의 마음은 아름답습니다
키르탄서스 : 고운 여인

타라 : 천사의 눈물, 사랑의 치유
탄지 : 평화
테이블야자 : 마음의 평화
토레니아 : 가련한 욕망
튤립 : 사랑의 고백(빨간색), 순결, 실연(흰색),
헛된 사랑(노란색)
트리안 : 추억
트리초스 : 위안, 당신 곁에서 행복하고 싶
어요
티보치나 : 존경, 감사
틸란드시아 : 불멸의 사랑

ㅍ

파리지옥 : 영원불멸, 유혹

파카라 : 행운

페튜니아 : 마음의 평화, 당신과 함께 있으면 마음이 편안해집니다

페퍼민트 : 온정

페페로미아 : 행운과 함께 하는 사랑

펜타스 : 기쁨이 넘치다

펠라고니움 : 애정

포인세티아 : 축복, 축하

풀협죽도 : 내 가슴은 정열에 불타고 있어요

풍접초 : 시기, 질투, 불안정

풍차디모루 : 영원한 사랑, 원기, 행복

프리뮬러 : 소년시절의 희망

프리지아 : 순결, 청결, 천진난만, 차분한 사랑

프테리스 : 자유로운 영혼

플루메리아 : 당신을 만난 것은 행운입니다, 축복받은 사람

피나타 : 잊을 수 없는 당신의 향기

피멜리아로제아 : 툭터진 사랑

피쉬본 : 귀여운 사랑

피토니아 : 청순, 당신을 영원히 사랑합니다

필레아 : 재물, 행운이 함께 하는 사랑

필로덴드론 콩고 : 나를 사랑해 주세요

ㅎ

하와이무궁화 : 섬세한 사랑

학자스민 : 당신은 나의 것

한련(화) : 애국심

함소화 : 당신은 나의 것

해피트리 : 행복하세요

행운목 : 행운, 행복

헤베 : 영원한 젊음

호야 : 순결한 사랑, 고독한 사랑

호접란 : 당신을 사랑합니다, 행복이 날아옴

홍두화 : 우아한 사랑

홍콩야자 : 행운과 함께 하는 사랑

후쿠시아 : 열렬한 마음, 좋아함

훼이조아 : 너만을 사랑해

휀넬 : 극찬, 적극적인 마음

휘버휴 : 인내, 기다림

흑종초 : 꿈길의 애정

흰꽃나도사프란 : 청춘의 환희, 지나간 행복

히비스커스 : 섬세한 사랑, 남몰래 간직한 사랑

히야신스 : 사랑하는 행복(흰색), 사랑의 기쁨 (블루), 용기(노란색)

히어유 : 순수

본문에 소개한 원예식물의 정명과 이명, 시중에서 부르는 유통명 및 본문에서
언급한 관련 품종, 유사종도 함께 수록하였다.

남미 원산 칼세올라리아의 하이브리드 품종, '주머니꽃'

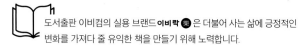
도서출판 이비컴의 실용 브랜드 **이비락** 🐝 은 더불어 사는 삶에 긍정적인
변화를 가져다 줄 유익한 책을 만들기 위해 노력합니다.

원고 및 기획안 bookbee@naver.com